# 金融素養與
# 中國家庭經濟金融行為

吳錕 著

財經錢線

# 前言

家庭金融是近年來國內外關注的熱點問題，其目標是研究家庭如何運用金融工具實現家庭效用最大化，被認為是繼資產定價、公司金融後，金融學科又一新的領域（Campbell，2006）。Campbell（2006）認為家庭金融具有自身獨有的特點，家庭需在整個生命週期中依據自身的情況制訂金融計劃，既要面臨流動性約束問題，又要面對複雜的社會保障政策等。目前多數的研究是從家庭的資產、負債、收入、消費/儲蓄、住房、保險和保障等方面對家庭金融問題進行探討，此外，也有學者分析了家庭的人口統計特徵對家庭經濟、金融決策的影響。

已有對家庭金融問題的研究發現，大量家庭在經濟決策時存在非理性的選擇，而非理性的錯誤決策會導致家庭參與金融市場的可能性降低，且投資的種類也較為單一（Campbell，2006）。由此可見，家庭的非理性行為會給家庭帶來較大的福利損失。而家庭金融的決策是非常複雜的，為了做出理性的金融決策，居民不僅需要花費大量的時間和精力去收集相關信息，而且還需要具備一定的能力對所收集到的信息進行綜合分析。也就是說，正確合理的金融決策需要人們具備一定的金融素養，但人們往往因缺乏金融素養而做出錯誤的金融決策（Lusardi et al.，2011）。

Noctor et al.（1992）最早對金融素養進行了定義：在使用和管理資金上所表現出的能夠做出明智判斷和有效決策的能力。Angela（2009）將金融素養定義為掌握基本經濟知識和金融概念，並且能使用這些知識有效地配置金融資源以實現終生財務保障的能力。金融素養是個人做出合理金融決策的關鍵因素（Bernheim，2003），會對家庭的經濟金融活動產生影響。自 2007 年美國次貸危機發生以來，越來越多的國家開始意識到提高本國居民金融素養的重要性，並開始重視對居民金融素養的培養。

與此同時，也有較多研究從家庭的資產配置、負債和信貸行為、消費和儲蓄等方面對金融素養的影響問題進行了深入分析和探討。基於瑞典家庭數據，

Calvet 和 Campbell（2009）的研究發現，受教育水準較低的家庭往往其金融素養水準也較低。資產配置方面，有研究表明，金融素養的缺乏會抑制家庭對股票市場的參與（Rooij，2011）、降低投資多樣性（Guiso et al.，2008）。Dohmen（2010）認為，深厚的金融素養有利於家庭對金融市場以及金融產品的風險和收益等有一個更好的理解，從而減少家庭在做出金融決策前的信息搜尋和處理成本，進而有助於提高家庭的金融市場和股市參與率，並且還會增加家庭在風險金融資產尤其是股票資產上的配置比例（Rooij et al.，2011；尹志超 等，2014）。Guiso 和 Jappelli（2008）、曾志耕等（2015）的研究表明，金融素養水準的提高會促進家庭提升投資組合的分散度，從而有利於規避風險。負債和信貸行為方面，Stango 和 Zinman（2009）的研究發現，金融素養水準較低的家庭更可能持有高成本的抵押貸款。Disney 和 Gathergood（2011）、Lusardi 和 Tufano（2015）以及吳衛星等（2018）的研究表明，金融素養較高的家庭更可能持有負債，且有助於減少過度負債，而金融素養較低的家庭更容易產生過度負債。Klapper et al.（2013）指出，金融素養越高的家庭從正規金融機構借款的可能性越高。宋全雲等（2017）的研究發現，金融素養水準的提高有助於提升家庭的正規信貸需求以及信貸可得性。消費和儲蓄方面，國外研究表明，金融素養水準的提高會促進家庭的儲蓄傾向和儲蓄水準（Sayinzoga et al.，2015），而國內研究卻發現擁有金融知識能有效促進家庭消費傾向和消費支出的增長（宋全雲 等，2019）。此外，尹志超等（2015）探討了金融素養對家庭創業的影響，其研究結果表明，金融素養水準的提高對於家庭的創業行為尤其是主動型創業具有顯著的促進作用。單德朋（2019）的研究表明，金融素養有助於緩解城市貧困。Lusardi 和 Mitchell（2007）發現，金融素養的缺乏會導致家庭養老儲蓄計劃的非理性行為。

　　家庭是市場經濟中最為重要的微觀經濟主體之一，家庭金融素養的缺乏會影響家庭方方面面的經濟金融行為。在中國金融服務供給水準不斷提高的背景下，如果使用主體缺乏相應的金融能力，同樣會使得金融服務變成無效供給，使家庭金融福利遭受損失。基於此，本書借助中國家庭金融調查數據，評估了中國家庭的金融素養狀況，全面系統地分析了金融素養對家庭資產配置、信貸、數字金融使用、創業和小微企業發展、消費、保險市場參與、財富增長等經濟金融行為的影響。希望通過本書的研究，為評估金融素養對中國家庭的作用以及相關政策的制定提供參考。

作者

# 目錄

**1 家庭金融素養的衡量及數據介紹** / 1
    1.1 中國家庭金融調查與數據介紹 / 1
    1.2 金融素養的定義 / 2
    1.3 金融素養的衡量 / 3
    1.4 中國家庭的金融素養水準及其分佈 / 8

**2 家庭金融素養與家庭風險資產選擇和投資多樣性** / 13
    2.1 研究背景 / 13
    2.2 中國家庭風險資產配置現狀 / 16
    2.3 金融素養對家庭風險資產配置的影響實證分析 / 24
    2.4 本章小結 / 34

**3 家庭金融素養與家庭信貸行為** / 35
    3.1 研究背景 / 35
    3.2 中國家庭信貸市場概況 / 36
    3.3 金融素養對家庭信貸行為的影響實證分析 / 45
    3.4 本章小結 / 59

**4　金融素養與家庭數字金融行為** / 61
　　**4.1** 研究背景 / 61
　　**4.2** 中國家庭數字金融行為現狀 / 63
　　**4.3** 金融素養對家庭數字金融行為的影響實證分析 / 72
　　**4.4** 本章小結 / 78

**5　金融素養與創業、小微企業發展** / 80
　　**5.1** 研究背景 / 80
　　**5.2** 中國家庭創業現狀 / 81
　　**5.3** 中國小微企業基本現狀 / 84
　　**5.4** 金融素養與中國小微企業發展的關係 / 87
　　**5.5** 金融素養對創業和小微企業經營表現的影響實證分析 / 93
　　**5.6** 本章小結 / 103

**6　金融素養與家庭消費** / 104
　　**6.1** 研究背景及現狀 / 104
　　**6.2** 中國家庭消費概況 / 107
　　**6.3** 金融素養對家庭消費的影響實證分析 / 111
　　**6.4** 本章小結 / 120

**7　金融素養與家庭保險獲得** / 121
　　**7.1** 研究背景及現狀 / 121
　　**7.2** 中國家庭保險購買情況 / 122
　　**7.3** 金融素養對家庭保險獲得的影響實證分析 / 131
　　**7.4** 本章小結 / 143

**8 金融素養與家庭財富增長** / 145

    **8.1** 研究背景及現狀 / 145

    **8.2** 中國家庭財富概況 / 146

    **8.3** 金融素養對家庭財富增長的影響實證分析 / 151

    **8.4** 本章小結 / 164

**9 金融素養與家庭貧困發生率** / 166

    **9.1** 研究背景及現狀 / 166

    **9.2** 中國家庭貧困率和收入情況 / 167

    **9.3** 金融素養對家庭貧困發生的影響實證分析 / 172

    **9.4** 本章小結 / 183

**10 總結** / 184

**參考文獻** / 186

# 1　家庭金融素養的衡量及數據介紹

## 1.1　中國家庭金融調查與數據介紹

　　本書使用的數據來自 2013 年、2015 年和 2017 年的中國家庭金融調查（China household finance survey，CHFS）[①] 數據。中國家庭金融調查是一項全國性的調研，由西南財經大學中國家庭金融調查與研究中心於 2009 年開始啓動。該調研項目每兩年進行一次，迄今為止共進行了四輪調查，即 2011 年、2013 年、2015 年和 2017 年。該調查在 2011 年涵蓋了全國 25 個省（自治區、直轄市）、80 個縣、320 個社區共 8,438 份樣本；2013 年進行了樣本擴充，調研樣本涵蓋了全國 29 個省（自治區、直轄市）、262 個縣（區、縣級市）、1,048 個社區（村），一共獲取了 28,141 戶家庭的微觀數據，在全國代表性的基礎上增加了省級代表性；2015 年樣本擴大到 37,087 戶家庭，具有全國、省級和副省級城市代表性；2017 年樣本擴大到 40,011 戶家庭。甘犁等（2015）指出，中國家庭金融調查的拒訪率相對較低，且人口統計學特徵與全國人口普查數據相差較小，調查樣本具有非常好的代表性，數據質量較高。

　　為了保證抽取樣本的隨機性和代表性，中國家庭金融調查在 2011 年的調查中採用了三階段與規模度量成比例（PPS）的抽樣設計。該具體過程如下：首先，在全國範圍內抽取市、縣；其次，從抽取到的市、縣範圍內再抽取相應的社區（村）；最後，在社區（村）內抽取樣本家庭。以上的實施過程中均採用了 PPS 的方法，並以各抽樣單位的人口數作為權重。後續的 2013 年、2015 年、2017 年調查進行了樣本擴充，擴充樣本的抽樣方法採取的是對稱抽樣，也就是按各省區（縣）人均 GDP 排名，對稱抽取相應的區（縣）來擴充

---

[①]　中國家庭金融調查是西南財經大學中國家庭金融調查與研究中心在全國範圍內開展的抽樣調查項目，由甘犁教授於 2009 年發起並親自領導，收集有關家庭金融微觀層次的相關信息。

樣本。由於原先的抽樣過少，中國家庭金融調查試圖將數據擴展到具有省級代表性，因而在各省又採用PPS的方法進行樣本追加。

中國家庭金融調查的數據採集採用的形式為面對面訪談，問卷技術採用國際上通用的計算機面訪輔助系統（computer-assisted personal interviewing, CAPI）。通過該系統，訪員可以用計算機加載電子問卷的形式來進行入戶訪問。

調查詳細採集了家庭的人口特徵與就業、資產與負債、保險與保障、收入與支出4個方面的微觀信息，全面細緻地反應了家庭金融的基本情況，為本書的探討提供了良好的數據基礎。圖1.1給出了中國家庭金融調查問卷結構。

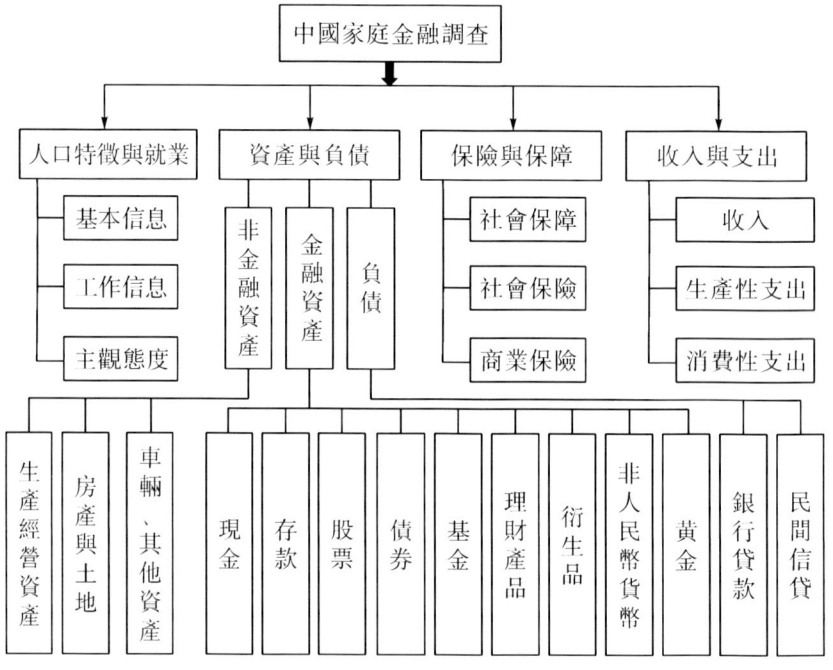

圖1.1　中國家庭金融調查問卷結構

## 1.2　金融素養的定義

金融素養的含義最早由Noctor et al.（1992）提出，後續研究又不斷進行了補充和完善。Vitt et al.（2000）認為，金融素養是指人們能夠閱讀、分析、管理以及與他人交流溝通自身金融理財狀況的能力，包括制定投資決策的能力、討論金融問題的能力、為未來制訂計劃的能力以及對可能影響到個人金融

投資決策的國家政策方針等的變化做出反應的能力。2007 年，美國金融素養教育委員會對金融素養的定義是：個人應用知識和能力有效地管理金融資源以實現其在整個生命週期上的金融福利水準最大化。美國總統金融素養諮詢委員會（the US presidents advisory council on financial literacy，PACFL）在 2008 年進一步提出，金融素養是指人們有效分配、管理金融資源以保持終生良好的財務狀態的知識及能力技巧等。這一定義也得到了廣大學者的一致認可。

需要注意的一點是，在以往的研究中，金融素養總是會與金融教育、計算能力和金融知識等概念相混淆，在此我們對其進行一一區分。首先是金融教育。金融教育是指人們通過參與金融方面的培訓或講座等來獲取金融知識、提高金融技能的過程。因此，金融教育表示的是居民獲取以及提高金融素養水準的過程。其次是計算能力。金融素養需要計算能力來分析和運用金融產品、投資決策等，但計算能力的運用不只是用來分析投資決策等，因而計算能力可以認為是金融素養的有力支撐。最後是金融知識。金融知識是金融素養的核心，表示居民對於經濟常識、金融概念、金融產品等經濟金融方面的相關知識的理解和掌握，體現了金融素養在金融方面的知識儲備及經驗累積。

綜合以上分析，本書認為，金融素養的定義應該包括以下要素：①具備基本的經濟金融常識，並且對金融產品的特徵有一定瞭解；②運用以及分析這些經濟金融知識的能力；③基於對基本金融素養以及金融產品特徵的瞭解、計算分析等來制定理性的投資決策；④具備一定的投資經驗。

## 1.3 金融素養的衡量

### 1.3.1 金融素養的衡量方法介紹

已有研究中對金融素養的衡量主要包括主觀金融素養和客觀金融素養兩方面。主觀金融素養主要是根據受訪者自我評價的對股票、基金等相關金融產品的瞭解程度來衡量。比如，在清華大學中國金融研究中心的消費金融調研數據調查問卷中，設計有如下問題：「您認為您或您的家人對下述各種金融投資方式（包括股票、基金、債券、商業投資、房產等）的瞭解程度如何？」根據瞭解程度的高低，設置了 1~5 個等級，其中 1 表示「不知道」，2 表示「不太瞭解」，3 表示「有所瞭解」，4 表示「比較瞭解」，5 表示「非常瞭解」，受訪者會依據自己對各金融投資方式的瞭解程度在 1~5 的範圍內進行選擇。客觀金融素養則主要是採用調查問卷的形式來收集的，問卷中首先會設置多個相關問

題，其次依據受訪者對這些問題的實際回答情況進行綜合計算，最後得到受訪者的實際金融素養水準。比如，清華大學中國金融研究中心的消費金融調研數據調查設計了5個問題來考察受訪戶的客觀金融素養水準，具體包括金融體系職能認知、存款準備金率理解、分散投資理解、股票投資理解和利率變動認知等；中國家庭金融調查數據則設計了利率計算、通貨膨脹理解和投資風險認知3個問題來考察受訪家庭的客觀金融素養水準。

根據已有研究，受訪者主觀感知的金融素養水準與根據客觀問題測算的金融素養水準是存在相關性的。Agnew 和 Szykman（2005）的研究發現，主觀金融素養和客觀金融素養的相關係數為0.49，但將受訪者按照工作收入、受教育水準等進行劃分後，這一相關係數在不同類別的受訪者之間具有較大差異。受教育水準上，高中及以下學歷的受訪者的主觀金融素養和客觀金融素養的相關係數僅為0.1，而本科在校生的主觀金融素養和客觀金融素養的相關係數為0.71，說明受訪者自我評價的金融素養水準可能並不能很好地代表其實際水準。因而，主觀金融素養水準和客觀金融素養水準存在一定差距，通過直接詢問受訪者對金融的瞭解程度來衡量金融素養是不夠精確的，這主要是因為過度自信的受訪者往往會高估自己的金融素養水準，而消極的受訪者則會低估自己的金融素養水準（Guiso et al., 2008）。因此，相對於主觀金融素養，通過問卷獲取反應居民金融素養的相關數據並據此進行綜合計算所獲得的客觀金融素養指標，能夠更為準確地衡量受訪者的實際金融素養水準。

### 1.3.2　金融素養的指標構建

#### 1.3.2.1　相關問題

由於已有研究對金融素養的定義尚不統一，國外問卷中選取的衡量金融素養的問題較為寬泛，涉及複利、通貨膨脹、投資分散問題和金融產品風險問題等。問卷中相關問題的數量也不等，最少為3個（Lusardi 和 Mitchell, 2011；Hasting 和 Tejeda-Ashton, 2008；Lusardi 和 Tufano, 2008），最多達30多個（Chen 和 Volpe, 1998）。Huston（2010）對相關研究進行了總結，認為在有關金融素養的調查問卷中應該包括基本知識（如利率計算、貨幣的時間價值計算等）、信用貸款知識、儲蓄與投資知識和保險知識。

參考國外家庭調查問卷的內容，中國家庭金融調查在調查問卷中設計了對存款利率的計算、對通貨膨脹概念的理解以及對金融產品投資風險的辨別3個方面的問題來考察受訪家庭的金融素養水準。具體問題設計如下：

（1）存款利率計算問題。例如，假設銀行的年利率是4%，如果把100元

錢存 1 年定期，1 年後獲得的本金和利息為：①小於 104 元；②等於 104 元；③大於 104 元；④算不出來。

（2）通貨膨脹概念理解問題。例如，假設銀行的年利率是 5%，通貨膨脹率每年是 3%，把 100 元錢存銀行一年後能夠買到的東西將會：①比一年前多；②跟一年前一樣多；③比一年前少；④算不出來。

（3）投資風險辨別問題。例如，一般而言，您認為股票和基金哪個風險更大？①股票；②基金；③沒有聽說過股票；④沒有聽說過基金；⑤兩者都沒有聽說過。

在以上問題中：第一個問題通過受訪者對簡單存款利率的計算來考察其計算能力；第二個問題通過模擬一個簡單的金融決策情境來考察受訪者對通貨膨脹這一概念的理解；第三個問題是關於股票、基金和投資多樣性的混合問題，這一問題主要考察受訪者對金融產品的瞭解程度和對投資多樣性的辨別能力。需要注意的是，這 3 個問題的回答均由受訪者代表回答。受訪者是最瞭解家中經濟情況的人，也是家中消費投資的決策主體。因而，受訪者的金融素養水準可以代表整個家庭的金融素養水準。

表 1.1 對金融素養相關問題的回答情況進行了描述性統計。從表中數據可以看出：①在對簡單的利率計算問題上，中國回答正確的家庭占比在 2013 年僅有 14.0%，2015 年有所上升，為 28.1%；回答錯誤的家庭在 2013 年的占比為 33.3%，2015 年有所下降，為 22.4%；回答「不知道/算不出來」的家庭在 2013 年的占比高達 52.7%，2015 年略有下降，為 49.5%。而荷蘭和美國的家庭在利率計算問題上的回答情況明顯較好，回答正確的比例分別高達 76.2% 和 67.1%，這表明中國家庭對於簡單的存款利息計算能力較為缺乏。②在對通貨膨脹概念理解問題的回答上，2013 年中國家庭回答正確的比例僅有 15.5%，2015 年這一比例為 15.8%；2013 年回答錯誤的比例為 40.5%，2015 年這一比例為 37.2%；2013 年回答「不知道/算不出來」的比例為 44.0%，2015 年這一比例為 47.0%。而荷蘭和美國的家庭在該問題的回答上同樣更好，回答正確的比例分別高達 82.6% 和 75.2%，遠遠高於中國家庭。這說明中國大部分家庭並不理解通貨膨脹概念。③在對金融產品投資風險辨別的問題上，2013 年中國家庭回答正確的比例為 26.7%，且 2015 年上升幅度較大，為 48.3%，高於存款利率計算問題和通貨膨脹概念理解問題；但回答「不知道/算不出來」的比例依然較高，2013 年為 51.5%，2015 年為 42.6%。而荷蘭和美國家庭中回答「不知道/算不出來」的占比遠低於中國家庭，分別為 27.0% 和 34.5%，這說明中國家庭對於金融產品還不甚瞭解。從上述分析可知，中國家庭金融素養

缺乏的問題較為嚴重，但2015年相對於2013年情況略有好轉，說明中國家庭的金融素養水準處於提升狀態。

表1.1　金融素養相關問題回答情況的描述性統計　　單位:%

| 國家 | 相關問題 | 正確 | 錯誤 | 「不知道/算不出來」 |
| --- | --- | --- | --- | --- |
| 中國（2013） | 存款利率計算問題 | 14.0 | 33.3 | 52.7 |
|  | 通貨膨脹理解問題 | 15.5 | 40.5 | 44.0 |
|  | 投資風險辨別問題 | 26.7 | 21.8 | 51.5 |
| 中國（2015） | 存款利率計算問題 | 28.1 | 22.4 | 49.5 |
|  | 通貨膨脹理解問題 | 15.8 | 37.2 | 47.0 |
|  | 投資風險辨別問題 | 48.3 | 9.1 | 42.6 |
| 荷蘭 | 存款利率計算問題 | 76.2 | 19.6 | 4.2 |
|  | 通貨膨脹理解問題 | 82.6 | 8.6 | 8.8 |
|  | 投資風險辨別問題 | 48.2 | 24.8 | 27.0 |
| 美國 | 存款利率計算問題 | 67.1 | 22.2 | 10.7 |
|  | 通貨膨脹理解問題 | 75.2 | 13.4 | 11.4 |
|  | 投資風險辨別問題 | 52.3 | 13.2 | 34.5 |

註：荷蘭金融素養問題回答情況分佈由Van Rooij et al.（2011）依據2005年荷蘭中央銀行展開的家庭調查數據計算而來。美國家庭金融素養問題回答情況分佈由Lusardi和Mitchell（2011）依據美國2004年進行的健康養老調查數據（health retirement survey）計算而來。需要注意的是，在荷蘭和美國的數據計算中，拒絕回答金融素養問題的家庭也在最終分析樣本裡，這使得荷蘭和美國對同一問題的回答狀況加總不等於1。

　　接下來將對存款利率的計算、通貨膨脹的理解以及投資風險的辨別這3個問題中回答正確、錯誤和「不知道/算不出來」各選項的分佈情況進行描述，結果如表1.2所示。從表中數據可知，2013年，上述3個問題全部回答正確的家庭僅占總體樣本的1.5%，2015年這一比例有所上升，為6.3%；2013年樣本中所有家庭平均正確回答的問題個數僅為0.563個，2015年略有上升，為0.922個。由此可見，中國家庭金融素養缺乏的現象還較為嚴重，但逐年有所改善。

表1.2　金融素養相關問題回答選項的分佈

| 年份 | 相關問題的回答 | 占比/% 1 | 占比/% 2 | 占比/% 3 | 平均數量/個 |
|---|---|---|---|---|---|
| 2013 | 正確 | 32.0 | 9.9 | 1.5 | 0.563 |
| 2013 | 錯誤 | 31.6 | 23.6 | 5.6 | 0.955 |
| 2013 | 「不知道/算不出來」 | 22.6 | 20.4 | 28.3 | 1.482 |
| 2015 | 正確 | 34.2 | 19.6 | 6.3 | 0.922 |
| 2015 | 錯誤 | 32.5 | 16.0 | 1.4 | 0.686 |
| 2015 | 「不知道/算不出來」 | 18.9 | 20.1 | 26.7 | 1.392 |

#### 1.3.2.2　構建方法

將多個變量信息整合為單個變量的方法有很多，包括同等權重加權平均、因子分析、主成分分析等。關於金融素養指標的構建，現有研究中主要有如下3種方法：

（1）採用相關問題是否回答正確的虛擬變量（Lusardi et al., 2011）。該方法認為，受訪者對每個相關問題的回答情況都能反應其在某一方面的金融素養，因而將每個問題回答正確與否的虛擬變量直接放入迴歸方程，可幫助識別出各個方面的金融素養對受訪者行為影響的差異。但是，此方法具有很大的局限性。當問卷中問題較多時，很難將所有問題回答正確與否的虛擬變量都放入迴歸方程。同時，反應金融素養的各個問題之間可能本身就是相關的，將所有問題回答正確與否的虛擬變量都放入迴歸方程可能會存在共線性的問題。

（2）基於簡單加總即均等權重的思想，用受訪者回答相關問題正確的個數或者回答正確的占比來衡量其金融素養水準（Agnew et al., 2005）。該種衡量方法解決了第一種衡量方法的片面性，但是依然存在一定的缺陷。在構造金融素養指標的時候，該方法認為所有用來衡量金融素養水準問題的重要性都是一樣的，然而各個問題之間的難易程度和重要性是有差異的，這使得該方法構建的金融素養指標存在一定的偏差。

（3）基於非均等權重加權平均的思想，採用因子分析法（Van Rooij et al., 2011）、GLS加權法來構建金融素養指標。該方法彌補了上述兩種方法的缺陷，既充分利用了所有問題的信息，又能依據各個問題的差異性賦予不同的權重。

因此，本書將主要採用因子分析法來構建金融素養指標。與Lusardi和Mitchell（2011）、Van Rooij et al.（2011）的研究一樣，我們同樣認為，對於

同一個問題回答錯誤與回答算不出來或不知道所代表的金融素養水準是不同的，因此針對每個問題分別構建了兩個虛擬變量。第一個虛擬變量表示問題是否正確回答，回答正確賦值為 1，其他則賦值為 0；第二個虛擬變量表示是否直接回答，回答「不知道或算不出來」視為間接回答，賦值為 0，其餘（直接回答）則賦值為 1。依據利率計算、通貨膨脹理解以及金融產品投資風險辨別這 3 個問題、6 個變量，我們採用迭代主因子分析法進行因子分析。根據表 1.3 中的結果，依據 Eigenvalue 大於等於 1 的原則，可以保留一個因子，該因子表示金融素養。表 1.4 中的 KMO 檢驗結果表明樣本適合做因子分析，依據表中各變量的因子載荷，即可計算得出本部分的金融素養指標。因子分析結果和因子分析 KMO 檢驗結果及各因子載荷分別見表 1.3 和表 1.4。

表 1.3　因子分析結果

| 因素 | 因子 1 | 因子 2 | 因子 3 | 因子 4 | 因子 5 | 因子 6 |
| --- | --- | --- | --- | --- | --- | --- |
| 特徵值 | 2.570,4 | 0.877,6 | 0.358,3 | 0.128,2 | 0.003,3 | -0.000,2 |
| 比重 | 0.652,8 | 0.222,9 | 0.091 | 0.032,6 | 0.000,8 | -0.000,1 |
| 累計 | 0.652,8 | 0.875,7 | 0.966,6 | 0.999,2 | 1.000,0 | 1.000,0 |

表 1.4　因子分析 KMO 檢驗結果及各因子載荷

| 回答問題情況 | KMO 檢驗結果 | 因子載荷 |
| --- | --- | --- |
| 存款利率計算問題回答正確 | 0.696,4 | 0.380,7 |
| 存款利率計算問題回答「不知道/算不出來」 | 0.684,3 | 0.763,7 |
| 通貨膨脹理解問題回答正確 | 0.685,2 | 0.313,2 |
| 通貨膨脹理解問題回答「不知道/算不出來」 | 0.691,0 | 0.750,0 |
| 投資風險辨別問題回答正確 | 0.649,5 | 0.610,0 |
| 投資風險辨別問題回答「不知道/算不出來」 | 0.663,1 | 0.665,8 |
| 全樣本 | 0.676,0 | |

## 1.4　中國家庭的金融素養水準及其分佈

從總體上來看，表 1.5 報告了採用因子分析方法構建的金融素養指標的描述性統計。2013 年金融素養得分的平均值為 -0.067，2015 年的平均值為

0.003，略有上升。

表1.5 金融素養指標（因子分析）的描述性統計

| 年份 | 樣本數 | 均值 | 標準差 | 最小值 | 最大值 |
|---|---|---|---|---|---|
| 2013 | 26,511 | -0.067 | 0.925 | -1.215 | 1.546 |
| 2015 | 35,516 | 0.003 | 0.966 | -1.254 | 1.400 |

接下來，將從家庭的人口統計特徵（年齡、受教育水準等）、財富[①]特徵（收入、資產等）、地域特徵等方面對中國家庭金融素養水準的差異性進行分析。

從年齡來看，中國家庭金融素養水準在年齡上的分佈如表1.6所示。隨著年齡的增加，金融素養水準逐漸降低。戶主年齡在16~30週歲的家庭的平均金融素養水準最高，2015年為0.632；戶主年齡在61週歲及以上的家庭的金融素養水準最低，為-0.308。而Van Rooij et al.（2011）基於荷蘭中央銀行2005年的家庭數據發現，荷蘭家庭金融素養水準在年齡上呈現出「倒U形」結構，即隨著年齡的增加，家庭的金融素養水準呈現出先上升後下降的趨勢，首先是71週歲及以上群體的金融素養水準最低，其次是年齡在21~30週歲的群體。此外，相較於2013年，基本上各年齡段的金融素養水準在2015年有所上升，其中50週歲以下年齡段上升更多。

表1.6 中國家庭金融素養水準在年齡上的分佈

| 年齡 | 2013年 | 2015年 |
|---|---|---|
| 16~30週歲 | 0.448 | 0.632 |
| 31~40週歲 | 0.249 | 0.443 |
| 41~50週歲 | 0.016 | 0.093 |
| 51~60週歲 | -0.154 | -0.082 |
| 61週歲及以上 | -0.378 | -0.308 |

從受教育水準來看，中國家庭金融素養水準在受教育水準上的分佈如表1.7所示。隨著受教育水準的提升，金融素養也迅速增加，戶主學歷為研究生的家庭平均金融素養水準為0.983，遠高於戶主未上過學的家庭（-0.757）。

---

① 具有價值的東西統稱為「財富」，包括自然財富、精神財富等。本書提及的「財富」包括收入、資產等，故部分內容以收入、資產等情況來代表財富情況。

表 1.7　中國家庭金融素養水準在受教育水準上的分佈

| 受教育水準 | 2013 年 | 2015 年 |
|---|---|---|
| 沒上過學 | −0.771 | −0.757 |
| 小學 | −0.480 | −0.455 |
| 初中 | −0.069 | −0.054 |
| 高中/中專 | 0.276 | 0.304 |
| 大專/本科 | 0.710 | 0.764 |
| 研究生 | 1.039 | 0.983 |

從戶主性別來看，中國家庭金融素養水準在性別上的分佈如表1.8所示。平均而言，2015年女性金融素養水準為0.098，略高於男性的−0.026。

表 1.8　中國家庭金融素養水準在性別上的分佈

| 性別 | 2013 年 | 2015 年 |
|---|---|---|
| 女性 | 0.028 | 0.098 |
| 男性 | −0.093 | −0.026 |

從家庭收入水準來看，中國家庭金融素養水準在收入水準上的分佈如表1.9所示，收入越高的家庭的平均金融素養水準也越高。2015年，收入水準在81%~100%的家庭的平均金融素養水準為0.552，遠高於2015年收入水準在0%~20%的−0.511，並且收入水準在61%及以上家庭的平均金融素養水準相較於2013年均有所提高。

表 1.9　中國家庭金融素養水準在收入水準上的分佈

| 收入水準 | 2013 年 | 2015 年 |
|---|---|---|
| 0%~20%（最低） | −0.446 | −0.511 |
| 21%~40% | −0.258 | −0.254 |
| 41%~60% | −0.069 | −0.001 |
| 61%~80% | 0.120 | 0.241 |
| 81%~100%（最高） | 0.420 | 0.552 |

從家庭財富水準來看，中國家庭金融素養水準在財富水準上的分佈如表1.10所示，家庭財富累積越多的家庭的平均金融素養水準也越高。2015年，

財富水準在81%～100%的家庭的平均金融素養水準為0.570，在0%～20%的家庭的平均金融水準為-0.577。

表1.10 中國家庭金融素養水準在財富水準上的分佈

| 財富水準 | 2013年 | 2015年 |
| --- | --- | --- |
| 0%～20%（最低） | -0.476 | -0.577 |
| 21%～40% | -0.304 | -0.247 |
| 41%～60% | -0.035 | -0.013 |
| 61%～80% | 0.198 | 0.331 |
| 81%～100%（最高） | 0.438 | 0.570 |

從城鄉差異來看，中國家庭金融素養水準在城鄉上的分佈如表1.11所示，城市地區家庭的金融素養水準顯著高於農村地區家庭的金融素養水準。2015年，城市地區家庭的平均金融素養水準為0.281，農村地區為-0.460。

表1.11 中國家庭金融素養水準在城鄉上的分佈

| 城鄉 | 2013年 | 2015年 |
| --- | --- | --- |
| 城市 | 0.195 | 0.281 |
| 農村 | -0.412 | -0.460 |

從地域差異來看，中國家庭金融素養水準在地域上的分佈如表1.12所示。平均而言，首先是東部地區家庭的金融素養水準，整體偏高，2015年平均金融素養水準為0.084；其次為中部地區，2015年家庭的平均金融素養水準為-0.062；最後是西部地區金融素養水準，整體最低，2015年平均值為-0.085。

表1.12 中國家庭金融素養水準在地域上的分佈

| 地域 | 2013年 | 2015年 |
| --- | --- | --- |
| 東部 | -0.032 | 0.084 |
| 中部 | -0.060 | -0.062 |
| 西部 | -0.123 | -0.085 |

從城市差異來看，中國家庭金融素養水準在城市上的分佈如表1.13所示。2015年，一線城市家庭和二線城市家庭的平均金融素養水準分別為0.440、0.201，高於三、四線城市家庭的-0.185。這說明越發達的城市地區，其家庭

1 家庭金融素養的衡量及數據介紹

的金融素養水準也越高。

表 1.13　中國家庭金融素養水準在城市上的分佈

| 城市 | 2013 年 | 2015 年 |
| --- | --- | --- |
| 一線城市 | 0.411 | 0.440 |
| 二線城市 | 0.129 | 0.201 |
| 三、四線城市 | -0.234 | -0.185 |

　　以上分析表明，中國不同群體間的金融素養水準呈現很大差異。其中，年齡較大、受教育水準較低、收入水準較低、財富累積較少、農村地區、中西部地區以及三、四線城市的家庭金融素養相對較為缺乏。

# 2 家庭金融素養與家庭風險資產選擇和投資多樣性

## 2.1 研究背景

家庭對金融市場的參與及對資產組合的選擇,是家庭金融研究的核心問題(Campbell, 2006),合理而有效的資產結構是家庭財富累積的重要保障。Campbell(2006)指出,無論家庭怎樣厭惡風險,只要風險資產溢價是正的,所有家庭都應或多或少地持有風險金融資產。然而,給定持有股票的風險調整期望收益,家庭的股市參與率遠低於消費的 CAPM(資本資產定價)等模型的預測值(Bogan, 2008),如多數家庭根本無股票帳戶(Vissing-Jorgensen, 2002;李濤,2006),這一現象也被稱為「股市參與之謎」。因而探究影響家庭風險資產選擇與投資多樣性的因素,具有重要的意義。這不僅有利於進一步理解中國股市有限參與之謎、股權溢價之謎等問題(吳衛星 等,2007),還能夠為提升中國居民財產性收入、實現家庭財富保值及增值提供建議。

關於家庭風險資產選擇與投資多樣性的影響因素,已有研究主要從人口和家庭特徵、市場摩擦、金融市場發展等方面進行了探究。首先,在人口和家庭特徵方面,主要包括對戶主年齡、性別、受教育水準、收入、風險態度、背景風險等進行研究。Poterba 和 Samwick(2003)指出,隨著年齡的增長,家庭財富累積越多且家庭風險承受能力越強,越有可能參與股票市場投資。李濤(2006)基於中山大學廣東發展研究院 2004 年「廣東社會變遷基本調查」項目數據的研究發現,中國家庭的股市參與在年齡上呈現「倒 U 形」結構。Vissing-Jorgensen(2002)指出,受教育水準的提高、收入的增加和資產的累積都將促進家庭對股市的參與。Guiso 和 Paiella(2008)發現風險厭惡型家庭對股市的參與率較低。而國內學者李濤和郭杰(2009)基於北京奧爾多投資

諮詢中心2007年的城市投資者行為調查數據，卻發現風險態度對中國投資者的股市參與情況沒有顯著影響，這一有趣結論的存在可能與社會互動有關。

其次，家庭的背景風險也會影響家庭風險資產選擇（Cardak et al.，2009）。背景風險主要由收入風險和健康風險兩部分構成。Guiso et al.（1996）基於義大利家庭收入與財富調查數據的實證研究發現，收入風險會降低家庭風險資產占金融資產的比重，並增加家庭在非流動資產上的配置比重。Bertaut（1998）運用美國消費者金融調查數據研究了家庭的持股情況，發現收入風險和流動性約束均會抑制家庭持有股票。因為家庭在生命週期內，收入不確定性的增加使得家庭預防性儲蓄動機增加，並進一步降低了風險資產的持有比重（Hochguertel，2002）。Rosen和Wu（2004）基於美國健康和退休調查數據對家庭風險資產比重的研究發現，健康狀況的改善與受教育水準的提高都可以顯著提高家庭在風險資產上的投資比重。

再次，市場摩擦在一定程度上可以解釋家庭對風險金融市場有限參與的現象。Bertaut（1998）指出市場摩擦導致了很多家庭根本不持有或很少持有較高收益的風險資產。也有研究發現，交易成本對家庭參與風險金融市場有顯著影響（Vissing-Jorgensen，2002）。而已有研究受限於數據可得性，關於家庭風險金融市場參與和投資組合選擇的研究大部分是基於理論分析，鮮有實證檢驗。Guiso et al.（2003）比較了歐洲不同國家家庭的持股情況，研究指出家庭股票市場的參與成本對家庭股票市場的參與率有顯著影響。實際分析中，由於各種交易成本包括信息搜尋、整理、分析成本、市場進入成本等市場摩擦因素很難衡量，部分學者從互聯網使用等視角驗證了市場摩擦機制的存在。Bogan（2008）的研究發現，互聯網的使用（電腦的使用）顯著提升了家庭參與股票市場的概率。

最後，對金融市場發展的研究。家庭對金融市場的參與，是金融市場供給和家庭配置自有金融資產的需求兩者達到均衡狀態時的結果，因而金融供給又是一個影響家庭金融市場參與和金融資產配置的重要因素。尹志超等（2015）利用中國家庭金融調查數據中的小區（村莊）銀行數量來衡量家庭所在地區金融市場的發展程度，研究表明，金融可得性越大，家庭參與風險金融市場的可能性就越大，同時家庭投資風險資產占家庭總金融資產的比重也越大。

以上研究均是關於家庭參與金融市場影響因素方面的探究，而有關家庭投資組合多樣性問題也引發了大量學者的關注。現有研究表明，市場摩擦可能是導致家庭投資缺乏多樣性的重要原因之一。Van Nieuwerburgh和Veldkamp（2009）發現交易費用的提高，降低了投資組合的多樣性。此外，家庭具備的

金融素養也是影響投資多樣性的重要因素。對熟悉領域的過度投資，會使投資缺乏多樣性（Huberman，2001）。

新時期，中國金融市場不斷完善，金融理財產品更加豐富多樣。自 2013 年推出「餘額寶」之後，市場上各類金融理財產品尤其是互聯網理財產品層出不窮。一方面，增加了居民投資可選擇的種類數，提高了居民投資的平均收益；另一方面，豐富繁雜的金融理財產品增加了對居民金融素養的要求，如有些複雜的金融產品使得投資者特別是金融素養比較缺乏的投資者難以瞭解其風險及收益。家庭參與金融市場進行投資，在信息搜尋、信息分析和信息處理等方面都需要具備一定的專業化知識，因而在新時期、新背景下探究金融素養與家庭資產配置行為間的關係具有重要意義。

那麼，居民是否已經具備足夠的金融素養來制定投資決策呢？現有研究中對此問題探討得較少。Lusardi 和 Mitchell（2007）基於美國健康養老調查 1992 年和 2004 年兩年的數據研究發現，美國家庭金融素養缺乏現象非常普遍，較多的家庭對基本的金融知識瞭解甚少。Van Rooij et al.（2011）運用荷蘭中央銀行（de nederlandsche bank，DNB）家庭調查數據設計了 5 個簡單問題和 11 個複雜問題以考察受訪者對基本金融素養和複雜金融素養的理解水準，調查結果顯示大部分的受訪者具有基本金融素養，能夠正確回答存款利率計算、通貨膨脹和貨幣的時間價值等基本常識性問題；但對略微複雜的問題如債券價格受利率變動的影響、如何分散投資、股票與債券的區別等，受訪者的正確回答率均非常低。

金融素養可能從以下幾個方面影響居民的風險資產選擇：第一，金融素養水準的提高可幫助個體更好地理解金融產品特徵並提高其對金融產品風險收益的分析計算能力，降低個體進入風險資本市場的市場摩擦。第二，金融素養的提高可以改善個體風險態度（Dohmen，2010），從而降低風險厭惡對個體風險資產投資的抑制。也有相關研究表明，家庭通過提高金融素養修正了其對數字金融市場風險的認知，從而使用數字金融服務的概率更高（Lin et al.，2013；Lu Han et al.，2019）。第三，缺乏金融素養的個體往往過度自信（Guiso et al.，2008），會高估自己所擁有知識和信息的準確性（Fischhoff et al.，1977）。而過度自信會使一些本來不會參與市場的投資者進入市場或者使市場參與者過多地進行交易以及購買更多的風險資產（吳衛星 等，2006）。大量學者的研究也表明了一定水準的金融素養能顯著增加家庭對金融市場的參與率，並提升金融決策的有效性（Lusardi et al.，2014；曾志耕 等，2015；吳衛星 等，2018；魏麗萍 等，2018；周洋 等，2018；譚燕芝 等，2019）。基於此，金融素

養如何影響中國家庭在風險資產上的投資行為，正是本書要回答的關鍵問題之一。

梳理家庭風險資產選擇和投資多樣性的相關文獻可知，鮮有學者從金融素養這一特殊人力資本角度出發，去解釋家庭對風險金融市場有限參與以及風險金融資產投資多樣性不足的現象。其中一個關鍵的原因，是國內家庭金融微觀數據的缺乏導致很難準確評估家庭金融素養水準對家庭風險金融市場參與的邊際影響。2013年和2015年西南財經大學中國家庭金融調查與研究中心的全國大型微觀調查數據詳細詢問了家庭現金、存款、股票、理財、基金、債券、黃金、外匯、金融衍生品等金融資產的配置信息，這為本章研究奠定了良好的數據基礎。

因而本章採用中國家庭金融調查2015年和2017年的全國微觀家庭數據，試圖通過實證研究從風險資產市場參與、風險資產投資比重和風險資產投資多樣性三個維度探討金融素養對中國家庭風險金融資產選擇和投資多樣性的影響。

## 2.2　中國家庭風險資產配置現狀

本部分將基於中國家庭金融調查2015年和2017年的微觀數據，初步描述中國家庭的風險金融市場參與及風險資產配置狀況。

### 2.2.1　風險金融市場參與情況

本章將股票、債券、基金、債券衍生品、理財產品、非人民幣、黃金等定義為風險資產[①]。表2.1具體給出了家庭在各類風險金融市場上的參與情況。2017年全國家庭在風險金融市場整體參與率為15.1%，其中城市家庭參與率為22.3%，農村家庭參與率為3.0%，可見中國農村家庭金融市場參與率遠低於城市家庭。與2015年相比，全國家庭風險金融市場整體參與率有所下降，其中股票市場參與率下降幅度最大，可能與股票的市場行情有關。同時中國家庭對非人民幣、黃金和衍生品等高風險金融市場的參與率較低，因而下文分組報告時將其合併為其他高風險金融資產進行報告。

---

① 由於參與債券、黃金、外匯、衍生品等市場的家庭較少，因而下文實證分析中不做重點分析，且基金中剔除了貨幣型基金。

表 2.1  家庭風險金融市場參與情況　　　　　　　　單位:%

| 金融市場產品 | 2015 年 |  |  | 2017 年 |  |  |
|---|---|---|---|---|---|---|
|  | 全國 | 城市 | 農村 | 全國 | 城市 | 農村 |
| 股票 | 9.4 | 14.7 | 0.5 | 6.7 | 10.3 | 0.5 |
| 理財產品 | 9.7 | 14.6 | 1.5 | 10.3 | 14.9 | 2.4 |
| 非人民幣資產 | 0.1 | 0.2 | 0.1 | 0.1 | 0.2 | 0.1 |
| 黃金 | 0.4 | 0.5 | 0.1 | 0.4 | 0.5 | 0.2 |
| 債券 | 0.6 | 0.8 | 0.1 | 0.3 | 0.5 | 0.1 |
| 基金 | 3.3 | 5.0 | 0.4 | 2.4 | 3.8 | 0.1 |
| 衍生品 | 0.0 | 0.1 | 0.0 | 0.0 | 0.1 | 0.0 |
| 風險金融市場整體參與情況 | 17.1 | 26.0 | 2.4 | 15.1 | 22.3 | 3.0 |

圖2.1描述了中國家庭參與風險金融市場的區域差異。2017年東部地區家庭參與風險金融市場的比例為21.1%，是參與率最高的地區；中部地區家庭參與風險金融市場的比例為9.6%，是參與率最低的地區；西部地區家庭參與風險金融市場的比例為11.4%。

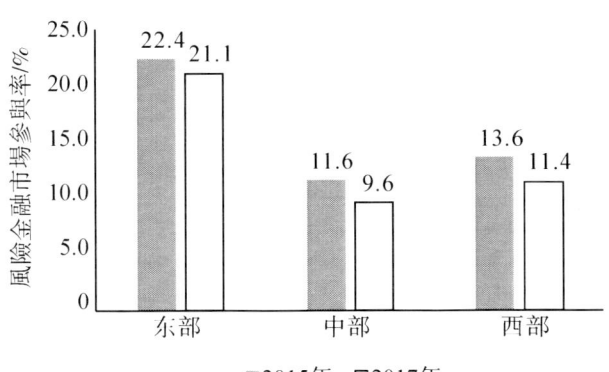

圖 2.1  家庭風險金融市場參與（區域差異）

考慮到不同城市家庭風險金融市場的參與情況不同，本書進一步考察了家庭風險金融市場參與在城市間的差異性。圖2.2顯示了一線城市、二線城市與三、四線城市家庭的風險金融市場參與狀況。2017年，一線城市家庭參與風險金融市場的比例為40.5%，與2015年相比略有上升；二線城市家庭參與風險金融市場的比例為22.0%；三、四線城市家庭參與風險金融市場的比例為

11.3%，與2015年相比均有所下降。

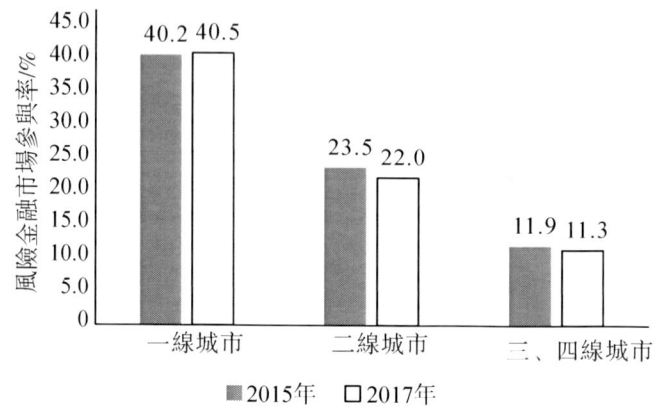

圖2.2 家庭風險金融市場參與（城市差異）

表2.2顯示了家庭風險金融市場參與中的家庭收入差異。將家庭收入情況按照從小到大的順序排列，然後對樣本進行等分分組，共分為五組。可以看出，家庭對風險金融市場的參與率隨著家庭收入的增加而提高。2017年，收入水準在81%~100%階層的家庭風險金融市場參與比例為39.2%，是參與率最高的階層；收入水準在21%~40%階層和20%及以下階層的家庭中參與風險金融市場的比例較低，分別為5.0%和3.2%。

表2.2 家庭風險金融市場參與（家庭收入差異）　　單位:%

| 收入分組 | 2015年 | 2017年 |
| --- | --- | --- |
| 0~20（最低） | 4.3 | 3.2 |
| 21~40 | 5.9 | 5.0 |
| 41~60 | 11.3 | 10.0 |
| 61~80 | 21.1 | 20.5 |
| 81~100（最高） | 42.2 | 39.2 |

表2.3描述了不同財富水準家庭的風險金融市場參與情況。如表2.3所示，與家庭收入趨勢一致，財富水準越高的家庭，其參與風險金融市場的比例也越高。2017年的數據顯示，在81%~100%的財富階層中，參與風險金融市場的家庭占比為42.5%，遠高於20%及以下財富階層家庭的2.7%。

表 2.3　家庭風險金融市場參與（財富差異）　　　　單位:%

| 財富分組 | 2015 年 | 2017 年 |
| --- | --- | --- |
| 0~20（最低） | 2.2 | 2.7 |
| 21~40 | 5.5 | 5.1 |
| 41~60 | 10.0 | 10.6 |
| 61~80 | 23.3 | 22.0 |
| 81~100（最高） | 46.8 | 42.5 |

圖2.3描述了在戶主年齡差異下的家庭風險金融市場參與情況。如圖2.3所示，隨著戶主年齡的增長，其參與風險金融市場的比例逐漸降低。2017年，戶主年齡在16~30週歲的家庭，風險金融市場參與率最高，比例為37.9%；戶主年齡在61週歲及以上的家庭，風險金融市場參與率最低，比例為8.2%。

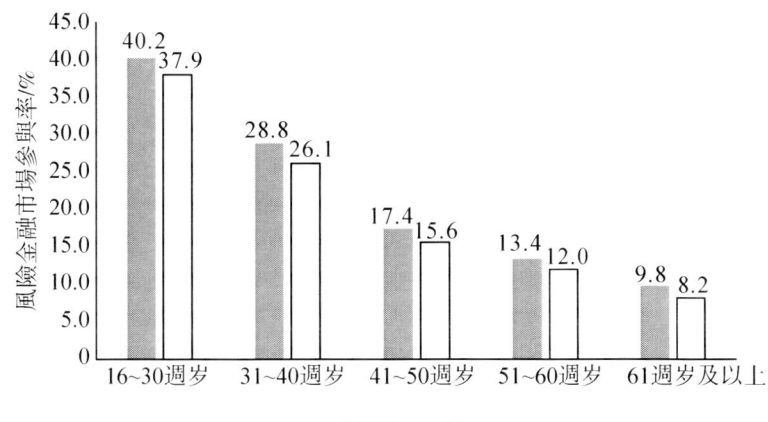

圖 2.3　家庭風險金融市場參與（戶主年齡差異）

圖2.4描述了戶主受教育水準差異下的家庭風險金融市場參與情況。從圖2.4中可知，戶主學歷越高的家庭，其風險金融市場的參與率也越高。戶主學歷為研究生的家庭中，風險金融市場參與的比例最高，為64.5%；戶主學歷為本科/大專學歷的家庭參與率為42.2%；戶主學歷為小學以及未上過學的家庭中，風險金融市場參與率占比較低，分別為4.2%和2.4%。

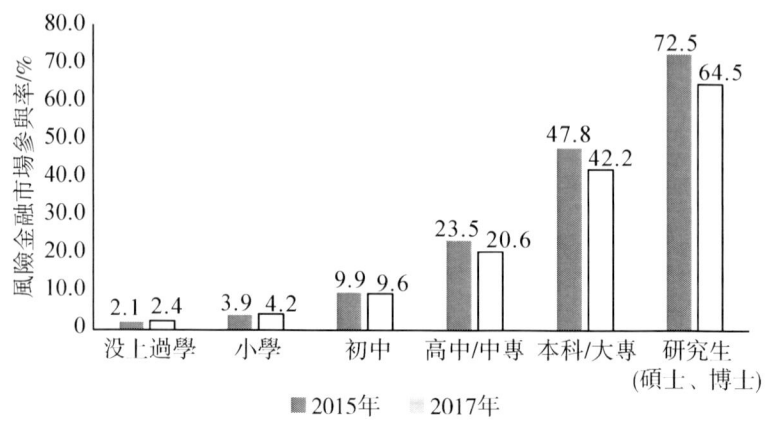

**圖 2.4　家庭風險金融市場參與（受教育水準差異）**

表 2.4 描述了風險態度差異下的家庭風險金融市場參與情況。2017 年的數據顯示，戶主為風險偏好型家庭的風險金融市場參與率最高，為 32.4%；戶主為風險中立型家庭的風險金融市場參與率為 26.5%；戶主為風險厭惡型家庭的風險金融市場參與率最低，僅為 10.9%。

**表 2.4　家庭風險金融市場參與（風險態度差異）**　　單位:%

| 風險態度 | 2015 年 | 2017 年 |
| --- | --- | --- |
| 風險偏好型 | 43.4 | 32.4 |
| 風險中立型 | 32.4 | 26.5 |
| 風險厭惡型 | 11.5 | 10.9 |

表 2.5 描述了金融素養差異下的家庭風險金融市場參與情況。從表 2.5 中的數據可以看出，金融素養水準越高的家庭，其風險金融市場的參與率越高。2017 年，處於較低金融素養水準的家庭中，風險金融市場參與占比僅 3.0%；處於中等金融素養水準的家庭中，有 9.8% 的家庭參與了風險金融市場；處於較高金融素養水準的家庭中，有 26.7% 的家庭參與了風險金融市場。

**表 2.5　家庭風險金融市場參與（金融素養差異）**　　單位:%

| 金融素養水準 | 2015 年 | 2017 年 |
| --- | --- | --- |
| 較低 | 2.2 | 3.0 |
| 中等 | 13.2 | 9.8 |
| 較高 | 35.9 | 26.7 |

### 2.2.2 股票市場參與情況

由以上分析可知，中國家庭參與風險金融市場主要是參與股票市場和理財市場，因而下面將重點描述中國家庭對股票市場和理財市場的參與情況。圖2.5給出了中國家庭股票市場參與狀況。中國參與股票市場的家庭比例為6.7%，其中城市家庭的比例為10.4%，農村家庭僅為0.5%。與西方發達國家相比，中國家庭對股票市場參與率較低。

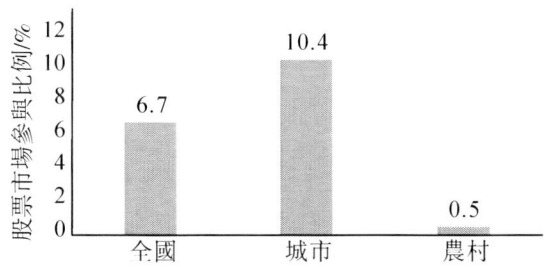

圖2.5　中國家庭股票市場參與狀況

圖2.6進一步給出了家庭沒有股票帳戶的原因，其中有36.9%的家庭表示沒有相關知識，同時也有15.7%的家庭沒有聽說過股票，將這兩個原因匯總可知，有超過50%的家庭可能是因為金融素養的缺乏導致其不參與股票市場。

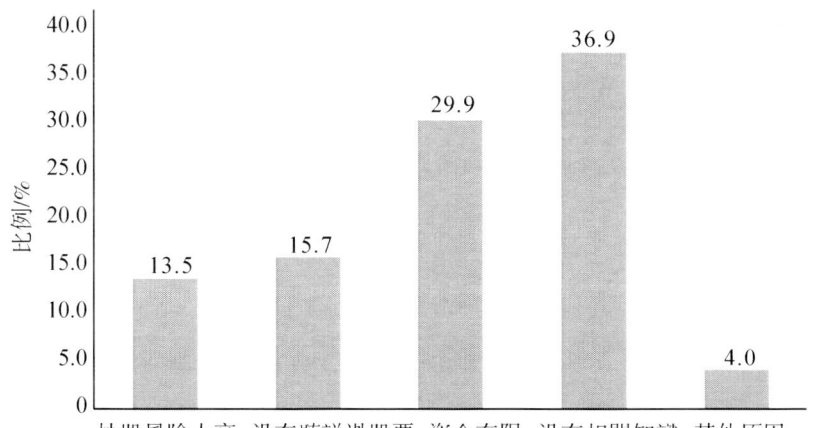

圖2.6　家庭沒有股票帳戶的原因

圖2.7給出了家庭平均持股只數的分佈情況。從圖2.7可知，2017年全國有股票帳戶的家庭平均持有0只股票的比例為20.4%，持有1只股票的比例為

17.9%，持有 2 只股票的比例為 20.0%，持有 3 只股票的比例為 17.3%，持有 4 只股票的比例為 7.4%，持有 5 只股票的比例為 8.6%，持有 6 只及以上股票的比例為 8.3%。整體來看，中國家庭開了股票帳戶後未持股的比例最高，表明中國家庭股票投資比較缺乏多樣性。

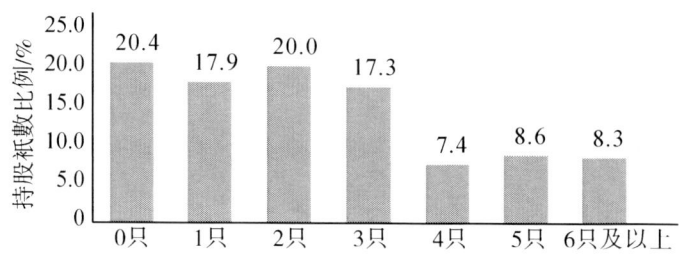

圖 2.7　家庭平均持股只數的分佈情況

### 2.2.3　理財市場參與情況

中國家庭金融調查中心數據顯示，2015—2017 年，中國家庭在理財產品的配置上增長較快，如圖 2.8、圖 2.9 與圖 2.10 所示。中國家庭理財產品持有比例在 2015 年和 2017 年兩年間增長較快，其中主要得益於互聯網理財市場的發展，從圖 2.8、圖 2.9 與圖 2.10 可知，2015 年和 2017 年的全國家庭互聯網理財產品持有比例分別為 6.1%、8.1%，其中城市家庭的比例為 9.3%、11.6%，農村家庭的比例為 0.9%、2.1%，而銀行理財市場參與率變動較小。

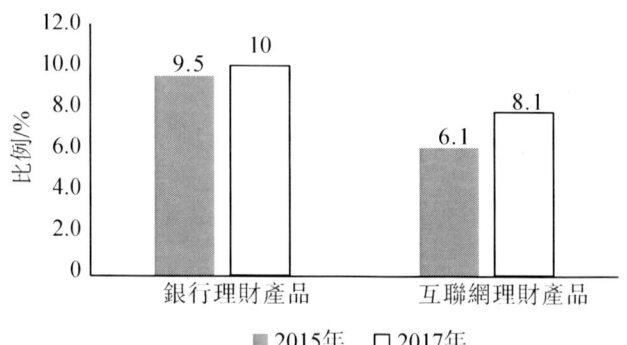

圖 2.8　全國家庭理財產品持有比例

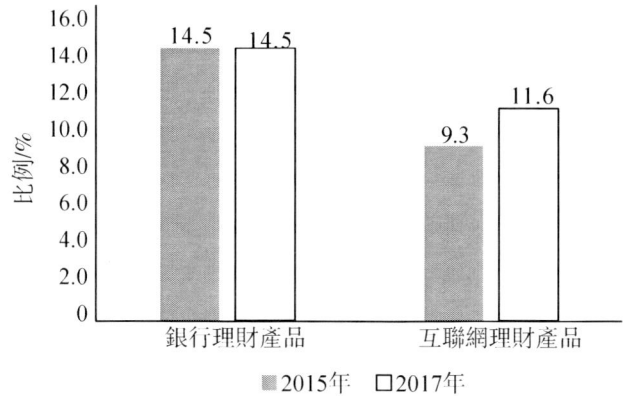

圖 2.9 城市家庭理財產品持有情況

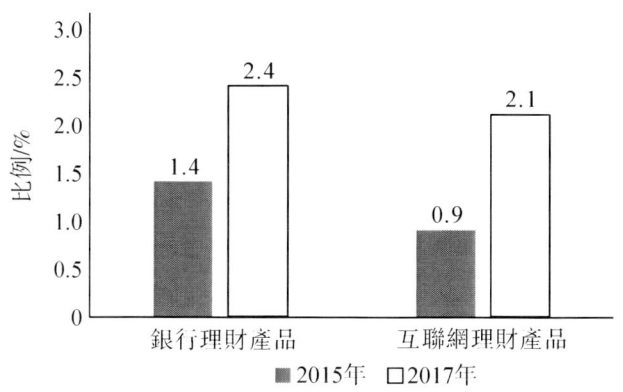

圖 2.10 農村家庭理財產品持有情況

### 2.2.4 金融資產構成情況

為了從整體上把握中國家庭金融資產結構，本書進一步分析了中國家庭金融資產構成情況，如表 2.6 所示。從表 2.6 可以看出，全國範圍內，2017 年有風險資產的家庭比例為 16.7%，無風險資產的比例為 69.2%，借出款的比例為 14.1%；城市家庭有風險資產的占比為 18.7%，無風險資產的占比為 67.6%，借出款的占比為 13.7%；農村家庭有風險資產的占比為 2.9%，無風險資產的占比為 79.9%，借出款的占比為 17.2%。通過對比可以發現，中國家庭風險資產占比較低，但借出款的比例較高，民間信貸需求旺盛。通過將城市家庭與農村家庭相比較，可以看出中國農村家庭風險資產配置比例非常低，但借出款的比例較高。一個可能的原因是目前中國金融市場發展還不完善，家庭能夠選擇

的符合自身風險偏好的投資產品較少，因而將自有資金在親朋好友間借出。

表 2.6　中國家庭金融資產構成情況　　　　單位:%

| 地區範圍 | 有風險資產占比 | 無風險資產占比 | 借出款占比 |
|---|---|---|---|
| 全國 | 16.7 | 69.2 | 14.1 |
| 城市 | 18.7 | 67.6 | 13.7 |
| 農村 | 2.9 | 79.9 | 17.2 |

表 2.7 描述了中國家庭風險資產構成情況。從表 2.7 可以看出，全國家庭範圍內，股票占比為 34.6%，債券（金融、企業債券）占比為 2.0%，基金占比為 14.2%，衍生品占比為 0.2%，理財產品占比為 46.4%，非人民幣占比為 1.4%，黃金占比為 1.2%。由此可見，家庭投資產品中的股票、理財產品的配置金融資產占總的金融資產的比例較高。

表 2.7　中國家庭風險資產構成情況　　　　單位:%

| 地區範圍 | 股票 | 理財產品 | 非人民幣 | 黃金 | 債券 | 基金 | 衍生品 |
|---|---|---|---|---|---|---|---|
| 全國 | 34.6 | 46.4 | 1.4 | 1.2 | 2.0 | 14.2 | 0.2 |
| 城市 | 35.1 | 46.0 | 1.2 | 1.2 | 2.0 | 14.4 | 0.1 |
| 農村 | 12.9 | 65.4 | 12.9 | 1.2 | 2.3 | 5.3 | 0.0 |

註：表中占比均為各類資產總額與風險資產總額之比。例如，全國家庭持有股票比例=全國家庭持有股票均值/全國家庭風險金融資產均值，各類風險金融資產橫向相加為 100%。

## 2.3　金融素養對家庭風險資產配置的影響實證分析

### 2.3.1　描述性統計分析

本書按照金融素養的高低，將家庭分為三組：金融素養較高組、金融素養中等組和金融素養較低組，金融素養與家庭各類風險金融市場參與情況，見表 2.8。從表 2.8 可以看出，金融素養較高組家庭對股票市場的參與率為 12.9%、對理財市場的參與率為 17.7%、對債券市場的參與率為 0.5%、對基金市場的參與率為 4.9%、對其他高風險金融市場的參與率為 1.0%，在三個金融素養組中均為最高。由此可見，金融素養的水準可能是影響家庭參與風險金融市場的重要因素，下文將進一步做實證分析。

表 2.8　金融素養與家庭各類風險金融市場參與情況　　　單位：%

| 金融素養<br>（家庭）分組 | 股票<br>市場參與 | 理財<br>市場參與 | 債券<br>市場參與 | 基金<br>市場參與 | 其他高風險金融<br>市場參與 |
|---|---|---|---|---|---|
| 金融素養較低組 | 0.9 | 2.0 | 0.1 | 0.4 | 0.1 |
| 金融素養中等組 | 3.7 | 6.3 | 0.3 | 1.3 | 0.4 |
| 金融素養較高組 | 12.9 | 17.7 | 0.5 | 4.9 | 1.0 |

註：其他高風險金融資產包括黃金、外匯、非人民幣資產、期權期貨和衍生品等。

### 2.3.2　實證結果分析

#### 2.3.2.1　變量及模型選擇

（1）被解釋變量。本部分研究的被解釋變量中，風險金融市場參與及股市參與為離散變量，資產種類為 1、2、3 等整數，投資多樣性指標為連續變量。因此，本書需設定不同的迴歸模型對具體問題進行實證分析，具體分析如下：

①金融市場參與。本章研究中風險資產選擇包含兩個決策，即家庭是否投資購買風險資產和家庭購買風險資產的額度。這裡將金融衍生品、股票、基金、金融理財產品、黃金、外匯、金融債券、企業債券定義為風險金融資產。因此，如果家庭投資了上述風險資產中的任意一種，則家庭風險資產參與等於 1；反之為 0。以家庭參與股票市場為例，家庭參與股票市場，則股市參與等於 1；反之為 0。考慮到中國資本市場發展不完善，家庭對債券和衍生品的參與率均較低，因而本章在考察家庭對風險金融市場的參與率時，重點考察了金融素養對家庭風險金融市場整體參與率、股票市場參與率、基金市場參與率、理財市場參與率的影響。採用了 Probit 模型和 IV-Probit 模型進行迴歸，具體表達方式如下：

$$y^* = \beta_0 + \beta_1 \text{Literacy} + \beta_2 X + \beta_3 \text{Prov} + \varepsilon \tag{2.1}$$

$$P(y=1) = P(y^* > 0) = \Phi(\beta_0 + \beta_1 \text{Literacy} + \beta_2 X + \beta_3 \text{Prov} + \varepsilon) \tag{2.2}$$

其中，$y$ 是二元離散變量，表示家庭是否參與風險金融市場或是否參與股票市場，因而需要採用 Probit 模型進行分析；$\varepsilon$ 為殘差項，代表不可觀測因素的匯總，假定其服從正態分佈。同樣，書中所有的 Probit 模型估計報告的都是迴歸分析的邊際效應（marginal effect）。Literacy 為關注變量金融素養；$\beta_1$ 為金融素養對家庭風險資產投資和股票投資參與影響的邊際效應；$X$ 為其他控制變量，包括戶主個人特徵、家庭特徵、地區經濟發展水準等。

考慮到金融素養可能存在的內生性問題，本部分嘗試用工具變量的方法進行檢驗。Van Rooij et al.（2011）用受訪者父母的金融素養水準作為工具變量，進行了內生性檢驗。之所以選取受訪者父母的金融素養水準作為工具變量，是因為一個人的金融素養水準與自己成長的家庭環境密切相關，因而子女的受教育水準可能和父母的受教育水準高度相關；同時，父母的受教育水準反應了家庭先天的成長環境，與家庭成員的金融素養水準高度相關，且滿足外生性條件。因此，我們認為選取該變量作為金融素養水準的工具變量是合適的。

②投資品種類。本部分用風險資產種類來衡量多樣性（Abreu et al., 2010）。家庭投資多樣性，最常見的表現為家庭持有風險金融資產種類數的多少。一般來講，家庭投資的金融產品的種類數越多，則認為家庭的投資是多樣的。風險金融資產種類主要包括股票、基金、理財、其他高風險金融資產四大類。家庭持有資產的種類總數作為被解釋變量，採用普通最小二乘法（OLS）進行迴歸，具體模型設定如下：

$$Fasset - Category = \alpha + \lambda_1 Financial - Literacy + X'\lambda_2 + \eta_t + \mu \quad (2.3)$$

Fasset-Category 表示家庭金融資產種類總數，取值為整數，其餘變量定義同上。根據風險金融資產分類可知，家庭持有風險資產種類的範圍為 1~4。

③投資分散度。其次，需要注意的是，投資金融產品不僅要關注金融產品的種類數，也要關注投資結構問題，因而各類金融投資品金額占總金融資產的比值也同樣重要。本部分正是基於這個方面，進一步對投資多樣性進行了定義。採用 Abreu（2010）、Kirchner et al.（2011）的方法，將各類風險資產的比重考慮進去，計算出投資多樣性指數，定義如下：

$$Div - index = 1 - \sum_{i=1}^{N} w_i^2 \quad IF \ N > 0 \quad (2.4)$$

公式（2.4）中，$N$ 表示風險資產種類數量，$w_i$ 表示各類資產占風險金融資產的比重。可以看出，多樣性指數的範圍在 [0, 1)，數值越大則表示投資組合越具有多樣性。

（2）關鍵解釋變量。本書的關鍵是如何衡量家庭的金融素養水準，本章使用金融知識指數和得分衡量家庭的金融素養水準。中國家庭金融調查通過向家庭詢問三個問題來衡量家庭的金融知識水準，分別為：存款利率計算、通貨膨脹計算與投資風險計算。關於金融知識水準的度量，本章沿用前面章節的衡量方法。

（3）其他控制變量。家庭特徵變量具體包括：家庭淨收入、家庭規模、家庭不健康人數、家庭風險態度、家庭是否有自有住房、家庭是否有自營工商

業等。各變量具體定義如下：①家庭淨收入。家庭淨收入等於家庭總收入減去家庭總負債，為了減小異方差的影響，迴歸中取了對數。②家庭規模。家庭規模指的是共享收入、共擔支出的總人口數。③家庭不健康人數。對於不健康人數的界定主要來自問卷以及與同齡人相比，如「您家某家庭成員現在的身體狀況如何？1. 非常好、2. 好、3. 一般、4. 不好、5. 非常不好」。本書將選擇4和選擇5的家庭成員定義為不健康人數，不健康人數除以家庭總人數即家庭不健康人數占比。④家庭風險態度。問卷中衡量風險態度的問題是「如果您有一筆資產，將選擇哪種投資項目？」選項包括：A. 高風險、高回報項目；B. 略高風險、略高回報項目；C. 平均風險、平均回報項目；D. 略低風險、略低回報項目；E. 不願意承擔任何風險。本書將選項A和選項B定義為風險偏好型，將選項D和選項E定義為風險厭惡型，將選項C定義為風險中立型。本書以風險中立型和風險厭惡型家庭作為基準組，引入風險偏好虛擬變量。⑤家庭是否有自有住房。該變量為虛擬變量，若擁有自有住房則取值為1；反之為0。⑥家庭是否有自營工商業。若家庭有自營工商業，則取值為1；反之為0。

（4）時間、地區特徵變量。考慮到地域的差異性影響，進一步控制了省份固定效應的影響，同時也控制了年份固定效應。此外，還控制了地區金融發展水準，金融發展水準採用中國銀行保險監督管理委員會（簡稱「銀保監會」）網站公布的縣域的銀行總數來衡量。

在剔除極端值和異常樣本後，各變量基本描述性統計如表2.9所示。2013年中國家庭風險金融資產占家庭金融總資產的比例為12.9%，整體偏低；2015年有所上升，占比為19.4%。其中2013年、2015年的股票占比分別為8.1%、11.0%，基金占比分別為4.1%、3.8%，理財產品占比分別為2.5%、10.8%，表明中國家庭對風險金融市場存在著有限參與。

表2.9　各變量基本描述性統計

| 變量（2013年） | 觀測值 | 均值 | 標準差 | 最小值 | 最大值 |
| --- | --- | --- | --- | --- | --- |
| 風險金融資產比例 | 24,995 | 0.129 | 0.336 | 0 | 1 |
| 股票比例 | 24,995 | 0.081 | 0.272 | 0 | 1 |
| 基金比例 | 24,995 | 0.041 | 0.199 | 0 | 1 |
| 理財產品比例 | 24,995 | 0.025 | 0.157 | 0 | 1 |
| 債券比例 | 24,995 | 0.008 | 0.087 | 0 | 1 |

表2.9(續)

| 變量（2013年） | 觀測值 | 均值 | 標準差 | 最小值 | 最大值 |
|---|---|---|---|---|---|
| 金融資產種類 | 24,995 | 1.093 | 1.062 | 0 | 8 |
| 金融資產多樣性指數 | 15,016 | 0.156 | 0.219 | 0 | 0.816 |
| Log（淨收入） | 24,995 | 10.17 | 1.98 | 0 | 13.61 |
| 自營工商業 | 24,995 | 0.136 | 0.343 | 0 | 1 |
| Log（轉移性收入） | 24,995 | 6.98 | 3.74 | 0 | 13.49 |
| 戶主年齡 | 24,995 | 51.00 | 13.85 | 21 | 83 |
| 戶主年齡的平方/100 | 24,995 | 27.93 | 14.49 | 4.41 | 68.89 |
| 戶主為男性 | 24,995 | 0.758 | 0.429 | 0 | 1 |
| 戶主受教育年限 | 24,995 | 9.41 | 4.12 | 0 | 19 |
| 戶主已婚 | 24,995 | 0.862 | 0.345 | 0 | 1 |
| 家庭規模人數 | 24,995 | 3.461 | 1.549 | 1 | 10 |
| 不健康人數占比 | 24,995 | 0.115 | 0.232 | 0 | 1 |
| 風險偏好型 | 24,995 | 0.108 | 0.310 | 0 | 1 |
| 農村 | 24,995 | 0.326 | 0.469 | 0 | 1 |
| Log（縣銀行數） | 24,995 | 4.01 | 1.11 | 0.69 | 6.72 |
| 變量（2015年） | 觀測值 | 均值 | 標準差 | 最小值 | 最大值 |
| 風險金融資產比例 | 30,313 | 0.194 | 0.396 | 0 | 1 |
| 股票比例 | 30,313 | 0.110 | 0.313 | 0 | 1 |
| 基金比例 | 30,313 | 0.038 | 0.192 | 0 | 1 |
| 理財產品比例 | 30,313 | 0.108 | 0.311 | 0 | 1 |
| 債券比例 | 30,313 | 0.006 | 0.076 | 0 | 1 |
| 金融資產種類 | 30,313 | 1.355 | 1.154 | 0 | 8 |
| 金融資產多樣性指數 | 19,940 | 0.190 | 0.236 | 0 | 0.854 |
| Log（淨收入） | 30,313 | 10.02 | 2.56 | 0 | 13.80 |
| 自營工商業 | 30,313 | 0.160 | 0.367 | 0 | 1 |
| Log（轉移性收入） | 30,313 | 6.43 | 4.25 | 0 | 13.67 |
| 戶主年齡 | 30,313 | 52.49 | 13.71 | 22 | 84 |

表 2.9（續）

| 變量（2015年） | 觀測值 | 均值 | 標準差 | 最小值 | 最大值 |
|---|---|---|---|---|---|
| 戶主年齡的平方/100 | 30,313 | 29.43 | 14.62 | 4.84 | 70.56 |
| 戶主為男性 | 30,313 | 0.759 | 0.428 | 0 | 1 |
| 戶主受教育年限 | 30,313 | 9.54 | 4.02 | 0 | 19 |
| 戶主已婚 | 30,313 | 0.790 | 0.407 | 0 | 1 |
| 家庭規模人數 | 30,313 | 3.573 | 1.641 | 1 | 10 |
| 不健康人數 | 30,313 | 0.115 | 0.231 | 0 | 1 |
| 風險偏好型 | 30,313 | 0.100 | 0.300 | 0 | 1 |
| 農村 | 30,313 | 0.289 | 0.453 | 0 | 1 |
| Log（縣銀行數） | 30,313 | 4.21 | 1.12 | 0.69 | 6.91 |

註：*、**、*** 分別代表在10%、5%和1%水準上顯著。表中報告的是Probit模型估計的邊際效應。

#### 2.3.2.2　實證結果分析

（1）金融素養與家庭風險金融市場參與。前面通過描述性統計分析了金融素養與家庭風險金融市場參與和家庭金融資產配置結構之間的關係，下面通過實證分析進一步檢驗。表2.10給出了金融素養對家庭參與各類風險金融市場的影響情況。

表 2.10　金融素養對家庭參與各類風險金融市場的影響情況

| 變量 | (1) 風險金融市場 Probit | (2) 風險金融市場 IV-Probit | (3) 股票參與 Probit | (4) 股票參與 IV-Probit | (5) 基金參與 Probit | (6) 基金參與 IV-Probit | (7) 理財參與 Probit | (8) 理財參與 IV-Probit |
|---|---|---|---|---|---|---|---|---|
| 金融素養 | 0.066*** (0.002) | 0.229*** (0.007) | 0.042*** (0.002) | 0.183*** (0.009) | 0.033*** (0.001) | 0.140*** (0.011) | 0.022*** (0.001) | 0.100*** (0.013) |
| Log（淨收入） | 0.015*** (0.001) | 0.007*** (0.001) | 0.011*** (0.001) | 0.006*** (0.001) | 0.006*** (0.001) | 0.004*** (0.001) | 0.007*** (0.001) | 0.007*** (0.001) |
| 自營工商業 | 0.009** (0.004) | -0.009** (0.004) | -0.002 (0.003) | -0.017*** (0.004) | 0.010*** (0.003) | 0.002 (0.004) | -0.001 (0.002) | -0.009** (0.004) |
| Log（轉移性收入） | 0.005*** (0.000) | 0.002*** (0.000) | 0.003*** (0.000) | 0.002*** (0.000) | 0.003*** (0.000) | 0.002*** (0.000) | 0.002*** (0.000) | 0.001*** (0.000) |
| 戶主年齡 | 0.007*** (0.001) | 0.006*** (0.001) | 0.009*** (0.001) | 0.011*** (0.001) | -0.001** (0.000) | -0.001 (0.000) | 0.003*** (0.001) | 0.005*** (0.001) |
| 戶主年齡的平方/100 | -0.006*** (0.001) | -0.005*** (0.001) | -0.008*** (0.001) | -0.009*** (0.001) | 0.001 (0.000) | 0.001 (0.000) | -0.003*** (0.000) | -0.003*** (0.001) |
| 戶主為男性 | -0.017*** (0.003) | -0.011*** (0.003) | -0.008*** (0.002) | -0.005 (0.003) | -0.008*** (0.002) | -0.00 (0.002) | -0.012*** (0.002) | -0.015*** (0.003) |

表2.10(續)

| 變量 | (1)<br>風險金融市場<br>Probit | (2)<br>風險金融市場<br>IV-Probit | (3)<br>股票參與<br>Probit | (4)<br>股票參與<br>IV-Probit | (5)<br>基金參與<br>Probit | (6)<br>基金參與<br>IV-Probit | (7)<br>理財參與<br>Probit | (8)<br>理財參與<br>IV-Probit |
|---|---|---|---|---|---|---|---|---|
| 戶主受教育年限 | 0.015***<br>(0.000) | 0.004***<br>(0.001) | 0.011***<br>(0.000) | 0.004***<br>(0.001) | 0.006***<br>(0.000) | 0.002**<br>(0.001) | 0.005***<br>(0.000) | 0.003***<br>(0.001) |
| 戶主已婚 | 0.004<br>(0.004) | -0.007*<br>(0.004) | 0.006**<br>(0.003) | -0.002<br>(0.004) | -0.002<br>(0.003) | -0.009***<br>(0.003) | 0.002<br>(0.002) | -0.002<br>(0.003) |
| 家庭規模人數 | -0.006***<br>(0.001) | -0.002*<br>(0.001) | -0.005**<br>(0.001) | -0.003***<br>(0.001) | -0.002*<br>(0.001) | 0.000<br>(0.001) | -0.001**<br>(0.001) | -0.001<br>(0.001) |
| 不健康人數 | -0.055***<br>(0.008) | -0.007<br>(0.008) | -0.037**<br>(0.007) | -0.007<br>(0.008) | -0.032***<br>(0.006) | -0.014*<br>(0.008) | -0.011**<br>(0.005) | 0.002<br>(0.007) |
| 風險偏好型 | 0.044***<br>(0.004) | 0.035***<br>(0.004) | 0.051***<br>(0.003) | 0.052***<br>(0.004) | 0.001<br>(0.003) | -0.003<br>(0.004) | 0.003<br>(0.002) | 0.001<br>(0.004) |
| 農村 | -0.108***<br>(0.005) | -0.057***<br>(0.006) | -0.108***<br>(0.006) | -0.085***<br>(0.007) | -0.047***<br>(0.004) | -0.033***<br>(0.005) | -0.037***<br>(0.004) | -0.035**<br>(0.005) |
| Ln(縣銀行數) | 0.015***<br>(0.002) | 0.010***<br>(0.001) | 0.007***<br>(0.001) | 0.005***<br>(0.002) | 0.011***<br>(0.001) | 0.011***<br>(0.002) | 0.003***<br>(0.001) | 0.003*<br>(0.001) |
| 省份 | 控制 | 控制 | 控制 | 控制 | 控制 | 控制 | 控制 | 控制 |
| 年份 | 控制 | 控制 | 控制 | 控制 | 控制 | 控制 | 控制 | 控制 |
| N | 55,308 | 55,308 | 55,308 | 55,308 | 55,308 | 55,308 | 55,308 | 55,308 |
| 一階段F值 |  | 648.8 |  | 648.8 |  | 648.8 |  | 648.8 |
| 工具變量T值 |  | 50.8 |  | 50.8 |  | 50.8 |  | 50.8 |

　　第(1)列和第(2)列分析了金融素養對風險資產投資參與的影響。第(1)列估計中,金融素養估計係數為0.066,在1%水準上顯著,說明金融素養顯著促進了家庭參與各類風險金融市場。考慮到第(1)列估計中金融素養可能存在的內生性問題,第(2)列選取父母的最高受教育水準作為金融素養的工具變量進行了兩階段估計。一階段估計的F值為648.8,工具變量T值為50.8,這表明選取父母的最高受教育水準作為工具變量是合適的,也進一步表明金融素養對家庭的風險資產投資參與具有顯著的推動作用。

　　第(3)列至第(8)列分析了金融素養對家庭股票、基金、理財市場的參與情況,迴歸結果表明金融素養顯著提升了家庭參與股票、基金、理財市場的概率,且採用工具變量迴歸後這一效應更大。

　　從整體來看,家庭收入水準越高,參與風險金融市場的可能性越大,因為收入越多、資產累積越豐富的家庭更容易支付其參與股票投資的固定成本,因而投資可能性也越高。使用了IV估計後,家庭自營工商業顯著降低了家庭風險金融市場整體參與率。Healton和Lucas(2000)的研究表明,從事個體工商業的家庭在勞動市場上已經面臨很高的風險,因而他們更不可能持有股票等風險資產。樣本中68.7%的家庭為風險厭惡型,由此可見,風險偏好型水準較低

會制約中國家庭的風險資產投資參與。自營工商業和購買住房等會對家庭金融市場參與和風險投資產生「擠出」效應（尹志超 等，2014）。戶主年齡對家庭風險金融市場參與程度的影響可能呈現出先上升後下降的「倒 U 形」。相比於女性戶主，男性戶主對風險金融市場的參與程度較低。戶主受教育水準越高則家庭參與風險金融市場的可能性越大。此外，受教育水準越高的家庭越可能參與股票、基金、理財市場的投資，這是因為受教育水準越高的群體越容易理解金融產品（Vissing-Jorgensen，2002）。由此可見，即使在控制受教育水準後，金融素養的影響仍顯著存在。這表明，受教育水準高不能簡單地等同於金融素養水準高。戶主已婚會降低家庭對風險金融市場的參與率，可能的解釋是結婚使得家庭日常開支增加，因而能夠投資到風險金融市場上的閒置資金減少。家庭規模越大則參與風險金融市場的可能性越小。大量研究表明，背景風險是影響家庭資產配置決策的重要因素，背景風險按照其來源可以劃分為收入風險、健康風險、商業投資風險（何興強 等，2009）。Guiso et al.（1996）研究表明，絕對風險厭惡型的家庭在面臨其他風險的衝擊時，會減少在金融市場上的風險暴露，而健康水準較差的家庭也擁有較低的風險金融市場參與率。Atella et al.（2012）研究指出，在醫療保障體系不健全的國家中，家庭成員感知的健康狀況比實際健康狀況對家庭風險資產投資決策的影響更大。相比城市居民，農村居民對風險金融市場的參與率較低。縣級銀行數對家庭風險金融市場的參與具有顯著的正向影響，家庭所在地區的銀行數量越多，金融可得性越強，家庭參與風險資產投資的可能性也越高，具體迴歸結果如表 2.10 所示。

（2）金融素養與家庭風險資產多樣性。表 2.11 給出了金融素養對家庭風險資產多樣性的估計結果。其中，第（1）列、第（2）列、第（3）列和第（4）列分別對家庭持有風險資產種類進行估計，給出了 OLS、IV-OLS、Tobit、IV-Tobit 模型的估計結果。

表 2.11　金融素養對家庭風險資產多樣性的估計結果

| 變量 | （1）金融產品種類 OLS | （2）金融產品種類 IV-OLS | （3）金融產品分散度指數 Tobit | （4）金融產品分散度指數 IV-Tobit |
| --- | --- | --- | --- | --- |
| 金融素養 | 0.077*** (0.002) | 0.806*** (0.028) | 0.027*** (0.001) | 0.086*** (0.003) |
| Log（淨收入） | 0.021*** (0.001) | 0.044*** (0.002) | 0.010*** (0.001) | 0.031*** (0.002) |

表2.11(續)

| 變量 | (1) 金融產品種類 OLS | (2) 金融產品種類 IV-OLS | (3) 金融產品分散度指數 Tobit | (4) 金融產品分散度指數 IV-Tobit |
|---|---|---|---|---|
| 自營工商業 | 0.039*** (0.005) | 0.044*** (0.014) | 0.014*** (0.002) | 0.044*** (0.006) |
| Log(轉移性收入) | 0.007*** (0.000) | 0.017*** (0.001) | 0.003*** (0.000) | 0.008*** (0.001) |
| 戶主年齡 | -0.005*** (0.001) | -0.001 (0.002) | 0.001*** (0.000) | 0.003*** (0.001) |
| 戶主年齡的平方/100 | 0.004*** (0.001) | 0.004** (0.002) | -0.001*** (0.000) | -0.003*** (0.001) |
| 戶主為男性 | 0.012*** (0.004) | 0.014 (0.011) | -0.002 (0.002) | -0.007 (0.006) |
| 戶主受教育年限 | 0.014*** (0.001) | 0.013*** (0.002) | 0.005*** (0.000) | 0.015*** (0.001) |
| 戶主已婚 | 0.025*** (0.005) | 0.022* (0.012) | 0.004* (0.002) | 0.012* (0.007) |
| 家庭規模人數 | -0.015*** (0.001) | -0.029*** (0.003) | -0.004*** (0.001) | -0.013*** (0.002) |
| 不健康人數 | -0.124*** (0.007) | -0.157*** (0.020) | -0.040*** (0.005) | -0.130*** (0.015) |
| 風險偏好型 | 0.019*** (0.007) | 0.055*** (0.019) | 0.012*** (0.002) | 0.038*** (0.008) |
| 農村 | -0.057*** (0.004) | -0.004 (0.012) | -0.011*** (0.002) | -0.035*** (0.007) |
| Ln(縣銀行數) | 0.007*** (0.002) | 0.029*** (0.005) | 0.004*** (0.001) | 0.013*** (0.003) |
| 其他變量 | 控制 | 控制 | 控制 | 控制 |
| N | 55,308 | 55,308 | 34,909 | 34,909 |

註：*、**、*** 分別表示在10%、5%、1%水準上顯著，括號內報告的是小區（或農村）層面的集聚異方差穩健標準差，下文同。

由第(1)列和第(2)列的估計結構可知，金融素養水準的系數顯著為正，且在1%的水準上顯著。這充分表明，隨著金融素養水準的提高，家庭投資也更加多元化。可能的解釋是，金融素養水準較高的家庭對各類金融投資品的瞭解程度也較高，因而增加了家庭在風險金融市場上對該類金融資產配置的

可能性。受教育水準的係數在1%的水準上同樣顯著為正，說明了受教育水準在投資決策中所起的正向作用。Abreu et al. (2010) 認為，受教育水準的提高提升了投資者信息分析的能力，降低了其投資錯誤的可能性。IV 估計的結果顯示，風險態度為風險偏好型的家庭，其對金融產品種類數、金融產品投資分散度的迴歸係數均顯著為正，且採用工具變量迴歸後係數更大，表明風險態度是影響家庭參與風險金融市場的一個關鍵因素。同時發現，縣域銀行數的係數顯著為正，表明正規金融越發達的地區，家庭對風險金融市場的參與越活躍，均符合基本的經濟直覺。

第（3）列和第（4）列用多樣性指數替代風險資產種類進行估計，主要是考察家庭在各類風險資產上的多樣性，進一步採用綜合指標衡量家庭風險資產配置的分散度。實證分析結果顯示，金融素養的係數同樣在1%的水準上顯著為正。說明金融素養水準越高，家庭風險投資越分散，且大部分變量的係數和符號與第（1）列、第（2）列基本一致，這再次表明金融素養水準的提升顯著促進了家庭投資的多元化。

由以上分析可知，金融素養水準較高的家庭，其風險投資品種更多，且更加注重投資分散度。

### 2.3.3 穩健性檢驗

上文實證分析表明，金融素養水準的提升顯著促進了家庭參與風險金融市場的可能性，同時也促進了家庭資產配置的多元化和分散。為保證估計結果的準確性，本書還進行了穩健性檢驗。本部分將金融素養指數替換為金融素養得分對上文的迴歸結果進行穩健性檢驗，從迴歸結果來看，與上文的結果基本保持一致，因而本書的估計結果是穩健的、可靠的。表 2.12 至表 2.14 分別為金融素養與家庭風險金融市場參與的穩健性檢驗、金融素養與金融資產多樣性的穩健性檢驗、金融素養與投資多樣性的穩健性檢驗相關情況。

表 2.12 金融素養與家庭風險金融市場參與的穩健性檢驗

|   | 風險資產投資參與 | 股票市場參與 | 理財市場參與 | 基金市場參與 |
|---|---|---|---|---|
| 金融素養得分 | 0.044*** (0.002) | 0.023*** (0.001) | 0.022*** (0.001) | 0.014*** (0.001) |
| 其他變量 | 控制 | 控制 | 控制 | 控制 |
| N | 55,308 | 55,308 | 55,308 | 55,308 |

表 2.13　金融素養與金融資產多樣性的穩健性檢驗

| 金融素養得分 | 0.044*** (0.002) | 0.023*** (0.001) | 0.022*** (0.001) | 0.014*** (0.001) |
|---|---|---|---|---|
| 其他變量 | 控制 | 控制 | 控制 | 控制 |
| N | 55,308 | 55,308 | 55,308 | 55,308 |

表 2.14　金融素養與投資多樣性的穩健性檢驗

|  | 風險資產種類 | 風險資產多樣性指數 |
|---|---|---|
| 金融素養得分 | 0.199*** (0.006) | 0.017*** (0.001) |
| 其他變量 | 控制 | 控制 |
| N | 55,308 | 34,956 |

## 2.4　本章小結

　　金融資產配置對家庭實現自身財富的保值增值、平滑消費等方面具有重要的意義。本章首先歸納梳理已有的影響家庭金融資產配置的相關文獻，進一步通過中國家庭金融調查數據分析了中國家庭風險金融市場的參與現狀，重點分析了金融素養對家庭風險金融市場參與、風險資產配置多樣性和分散度的影響。實證分析表明，金融素養提升了家庭風險金融市場的整體參與率。從各類金融市場來看，金融素養的提升顯著增加了家庭對股票、債券、基金等風險金融市場的參與率；同時，金融素養水準的提升促進了家庭多元化投資、提高了資產配置的分散度。由此可見，政府等相關部門應該高度重視中國城鄉居民的金融素養教育，提升居民的金融素養水準，使其更好地通過金融工具增加自身的福利。

# 3　家庭金融素養與家庭信貸行為

## 3.1　研究背景

　　信貸的獲得對於家庭來講至關重要，受到融資約束的家庭可以利用短期或者長期信貸來平滑消費、擴大生產經營等，實現其生命週期內的福利最大化。家庭如何獲取信貸資源、解決自身信貸需求，一直以來都是學術界關注的重點問題之一。全球普惠金融調查數據顯示，2017年中國大概有1/5的家庭沒有享受到最基礎的金融服務。這一事實表明，雖然近年來，為了提升大眾尤其是社會弱勢群體的金融可得性，政府等相關部門大力推行普惠金融等政策，然而在短期內，由於各種因素的影響，中國金融抑制現象仍舊普遍存在，且在農村等地區顯得尤為突出。因而，探究中國居民家庭信貸獲得以及信貸結構的影響因素，顯得尤為重要。

　　關於農戶信貸獲得的影響因素有大量研究。首先，從家庭特徵進行研究的較多。金燁、李宏彬（2009）研究發現，農村家庭中戶主的年齡、戶主文化水準、家庭中有勞動能力的人口總數等均會顯著影響家庭信貸可得性。也有部分學者進一步探究了社會網絡在影響家庭信貸獲得方面的重要作用。楊汝岱等（2011）發現，農村社會網絡活躍的地區其非正規信貸市場也更加活躍。而胡楓和陳玉宇（2012）進一步指出社會網絡不僅顯著促進了家庭獲得非正規信貸，同樣也提升了家庭獲得的非正規信貸的額度。其次，大量研究也關注正規信貸市場和非正規信貸市場兩者的關係。Kochar（1997）在研究中指出，由於農戶對正規信貸無需求，因而需要融資時多借助非正規信貸渠道。黃祖輝等（2009）指出，農戶正規信貸獲得比例較低，一方面是因為農戶自身無抵押品、信用評級較低所造成的供給不足；另一方面，更重要的是各種各樣的原因導致農戶對正規信貸無需求。汪昌雲等（2014）研究還發現，金融市場發展導致金融部門依據市場進行貸款定價，從而促使信貸資源從農業

部門流向非農業部門，顯著降低了農戶的信貸可得性。此外，農戶受限於自身的認識偏差，可能會從主觀上推測自己無法獲得貸款，從而放棄從正規渠道融資（王翼寧 等，2007）。易小蘭（2012）也發現，農戶對信貸政策的瞭解會促進農戶的正規信貸需求和正規信貸獲得。相關研究均表明，貸款人對整個貸款的流程不明確、行為偏差等是造成其信貸可得性較低的重要原因（Petrick，2004；王翼寧 等，2007）。隨著金融市場的不斷發展，金融素養（financial literacy）對家庭金融決策的重要性也日益凸顯。金融素養作為影響家庭信貸決策的重要因素，反應的是人們掌握基礎的經濟、金融知識來實現自身財富、管理和資金融通的能力（Angela et al.，2009）。Beck et al.（2007）指出，如果家庭對金融機構的金融服務和產品的信息不瞭解，則就降低了家庭的金融服務需求。

而隨著金融市場的發展，金融體系趨於完善，金融產品創新層出不窮，融資渠道也更加多元化，信貸作為家庭一項重要的金融活動，金融素養如何影響家庭信貸渠道選擇、融資結構等問題還沒有得到充分的研究。基於以上背景分析，本章分析了金融素養對家庭信貸行為的影響，重點分析了金融素養對家庭信貸獲得和信貸結構的影響。通過本章的論述，我們將進一步理解金融素養對家庭信貸行為的重要作用。本部分最主要的貢獻在於借助中國家庭金融調查2015年和2017年兩年的大型微觀數據，實證分析了金融素養對城市家庭和農村家庭的正規信貸需求以及正規信貸和非正規信貸行為的影響，為解釋中國家庭信貸約束問題、正規信貸參與率較低和民間信貸參與率較高的原因提供了新的角度，豐富了已有的關於家庭信貸行為的相關研究。

## 3.2　中國家庭信貸市場概況

正規信貸[①]獲得是指家庭是否有來自銀行、農村信用合作社（以下簡稱「信用社」）等正規金融機構的貸款，中國家庭金融調查在其問卷中又根據具體貸款用途，將其分為農業、工商業、住房、汽車、教育、其他負債方面等幾大類。對於獲得了正規貸款的家庭，則會進一步詢問貸款金額、期限、利率等相關明細；對於未獲得正規貸款的家庭，則進一步詢問了其未獲得正規信貸的原因。根據具體的問題設置，借鑑劉西川等（2009）的研究方法，本章將擁

---

[①]　正規信貸和非正規信貸也被稱為正規借貸和非正規借貸，為了方便閱讀，本書統一使用「正規信貸」和「非正規信貸」的表述方式。

有各個用途的銀行貸款的家庭、沒有獲得銀行貸款的家庭以及選擇了沒有獲得貸款的原因為「有需求但是沒有申請」「申請過相關貸款但是被拒絕了」的家庭這三種情況定義為有正規信貸需求的家庭。非正規信貸主要是指家庭從親朋好友處獲取的私人民間借款，非正規信貸獲得和需求的定義與正規信貸獲得和需求的定義類似，且在描述性統計部分主要關注不同地區、不同戶主特徵、不同家庭特徵下各類家庭的正規信貸和非正規信貸的獲得。

### 3.2.1 正規信貸的獲得

由表 3.1 可知，2017 年全國家庭中擁有正規信貸的比例為 15.6%，其中城市家庭中擁有正規信貸的比例為 17.7%，農村家庭中擁有正規信貸的比例為 12.0%。

表 3.1　中國家庭正規信貸比例　　　　　　　　單位：%

| 地區範圍 | 2015 年 | 2017 年 |
| --- | --- | --- |
| 全國 | 13.7 | 15.6 |
| 城市 | 17.0 | 17.7 |
| 農村 | 8.3 | 12.0 |

從東部、中部、西部地區來看，不同地區的家庭擁有正規信貸的比例也不同。圖 3.1 顯示，2017 年位於東部地區的家庭擁有正規信貸的比例為 15.0%，中部地區的家庭擁有正規信貸的比例為 13.2%，而西部地區的家庭擁有正規信貸的比例為 20.4%，是擁有正規信貸比例最大的地區。西部地區獲得正規信貸的比例較高，可能與近幾年中國政府等相關部門大力推行的普惠金融政策相關。

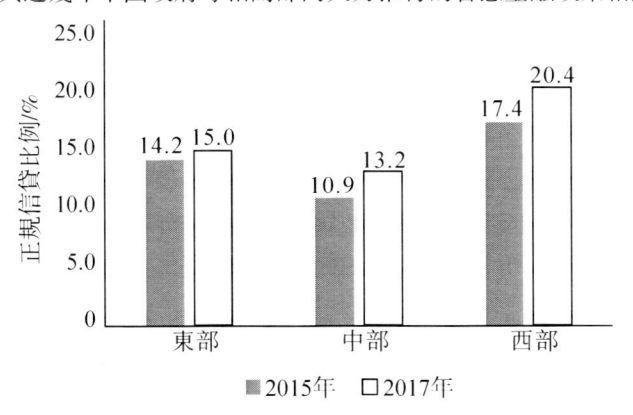

圖 3.1　中國家庭正規信貸的比例（區域差異）

由圖 3.2 可知，2017 年一線城市家庭中擁有正規信貸的比例為 23.2%，二線城市次之，為 18.2%，三、四線城市家庭擁有正規信貸的比例最低，為 14.2%。

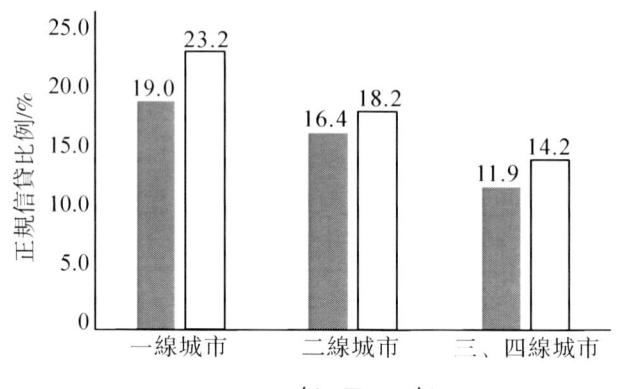

圖 3.2　中國家庭正規信貸的比例（城市差異）

如表 3.2 所示，收入越高的家庭中正規信貸的擁有率越高。2017 年，收入水準在 81%～100% 階層的家庭中擁有正規信貸的比例為 31.2%，且隨著收入水準的上升，其正規信貸的擁有比例也在逐漸增加；而收入水準在 20% 及以下階層的家庭中，擁有正規信貸的比例僅為 9.3%。

表 3.2　中國家庭正規信貸的比例（收入差異）　　　單位:%

| 收入分組 | 2015 年 | 2017 年 |
| --- | --- | --- |
| 0～20（最低） | 6.7 | 9.3 |
| 21～40 | 7.4 | 9.7 |
| 41～60 | 10.8 | 12.2 |
| 61～80 | 14.4 | 16.0 |
| 81～100（最高） | 28.4 | 31.2 |

表 3.3 描述了在財富差異下中國家庭正規信貸的比例。如表 3.3 所示，同家庭收入趨勢一致，財富越高的家庭中正規信貸的擁有率越高。在 81%～100% 的財富階層中，31.4% 的家庭擁有正規信貸，遠高於在 20% 及以下財富階層家庭的 5.3%。

表 3.3　中國家庭正規信貸的比例（財富差異）　　　　單位:%

| 財富分組 | 2015 年 | 2017 年 |
|---|---|---|
| 0~20（最低） | 3.4 | 5.3 |
| 21~40 | 6.1 | 8.5 |
| 41~60 | 11.7 | 13.6 |
| 61~80 | 21.2 | 23.7 |
| 81~100（最高） | 26.9 | 31.4 |

　　圖 3.3 描述了年齡差異下中國家庭正規信貸的比例。2015 年和 2017 年數據均顯示，隨著戶主年齡的增加，正規信貸擁有比例呈現出先上升後下降的「倒 U 形」。戶主年齡在 31~40 週歲的家庭正規信貸擁有比例最高，2015 年為 28.8%、2017 年為 29.3%。

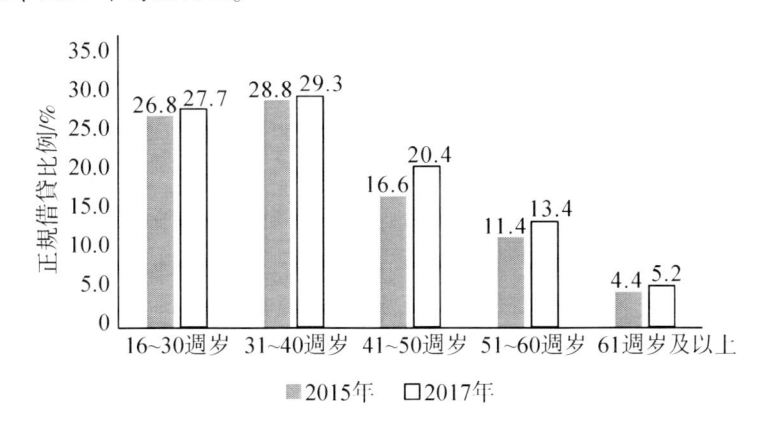

圖 3.3　中國家庭正規信貸的比例（年齡差異）

　　圖 3.4 描述了教育水準差異下中國家庭正規信貸的比例。從圖 3.4 可以看出，學歷越高的家庭，其正規信貸的擁有比例也越高。2017 年戶主學歷為研究生（碩士、博士）的家庭中擁有正規信貸的比例最高，為 44.1%；其次是戶主學歷為本科/大專的家庭，其擁有正規信貸的比例為 29.4%；戶主學歷為小學以及未上過學的家庭中正規信貸的擁有比例最低，分別為 10.7% 和 7.0%。

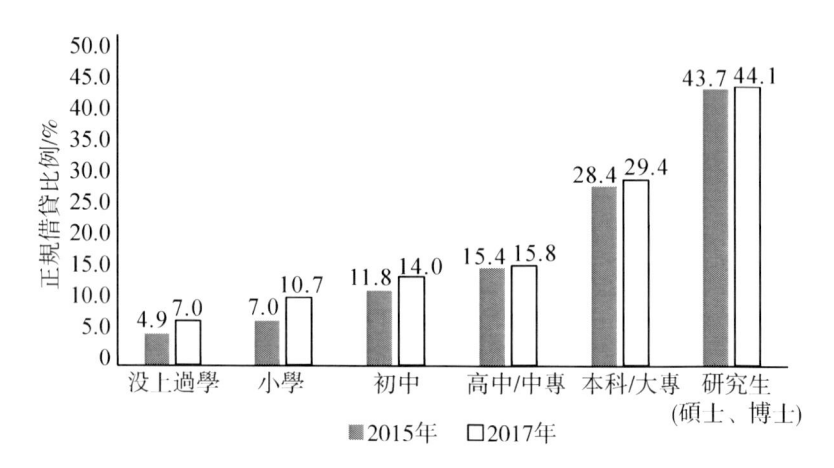

圖 3.4　中國家庭正規信貸的比例（受教育水準差異）

　　圖3.5描述了風險態度差異下中國家庭正規信貸的比例。如圖3.5所示，2017年風險偏好型家庭正規信貸的擁有比例最高，為26.0%；其次為風險中立型家庭，其正規信貸的擁有比例為22.3%；風險厭惡型家庭正規信貸的擁有比例最低，僅有13.3%的家庭擁有正規信貸。

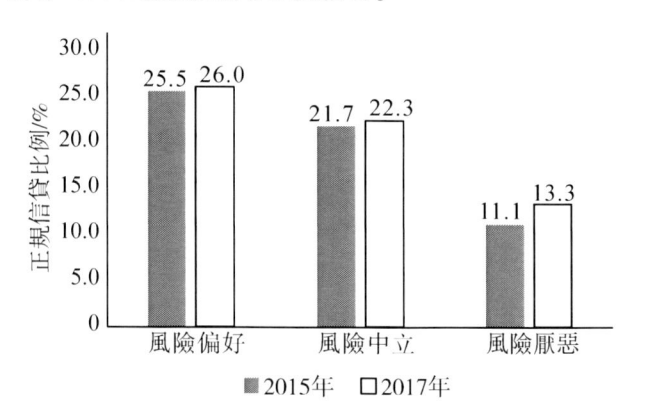

圖 3.5　中國家庭正規信貸的比例（風險態度差異）

　　圖3.6描述了金融養養差異下中國家庭正規信貸的比例。從圖3.6的數據可以看出，金融素養水準越高的家庭，其擁有正規信貸的比例也越高。2017年，處於較低金融素養水準的家庭中擁有正規信貸的比例僅9.3%，處於中等金融素養水準的家庭中有15.1%的家庭擁有正規信貸，而處於較高金融素養水準的家庭中有22.1%的家庭擁有正規信貸。

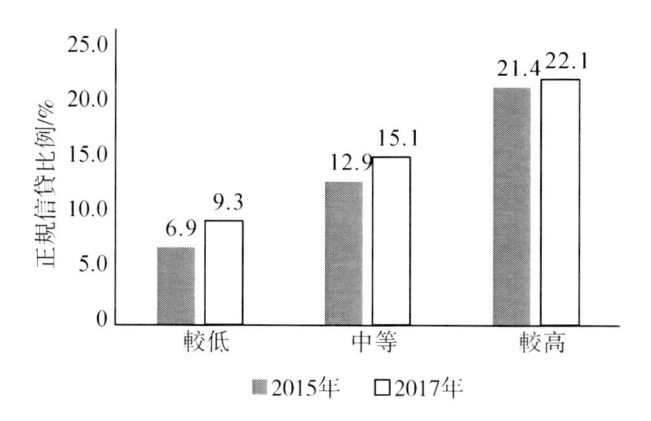

圖 3.6　中國家庭正規信貸的比例（金融素養差異）

### 3.2.2　非正規信貸的獲得

由圖 3.7 可知，2017 年全國家庭中擁有非正規信貸的比例為 15.5%，其中城市家庭擁有非正規信貸的比例為 10.6%，農村家庭擁有非正規信貸的比例為 23.8%，可見城市家庭的非正規信貸擁有比例低於農村家庭。

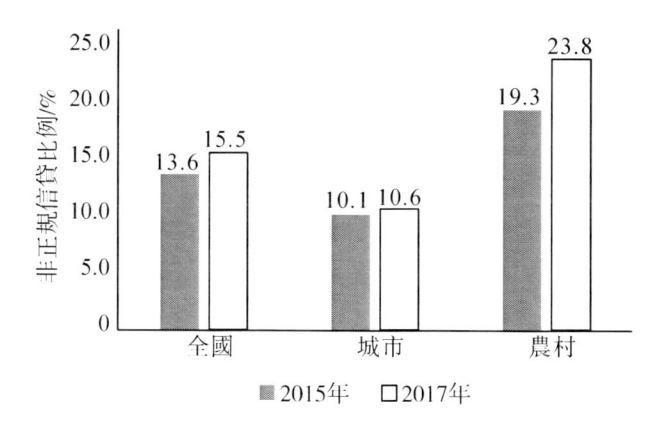

圖 3.7　中國家庭非正規信貸的擁有比例

從東部、中部、西部地區來看，不同地區的家庭擁有非正規信貸的比例也不同。圖 3.8 顯示，2017 年東部地區家庭擁有非正規信貸的比例為 10.8%，中部地區家庭擁有非正規信貸的比例為 19.1%，而西部地區家庭擁有非正規信貸的比例為 19.2%。可以看出，西部地區家庭在 2017 年擁有非正規信貸的比例最高。

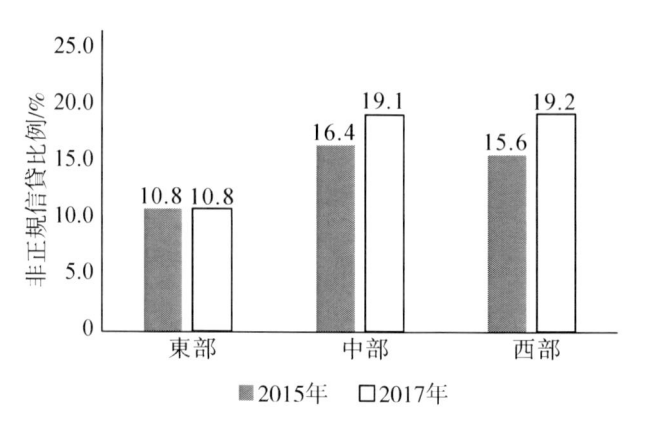

圖 3.8　全國家庭非正規信貸的比例（區域差異）

由圖 3.9 可知，2017 年一線城市的家庭中擁有非正規信貸的比例為 7.3%，二線城市次之，為 10.1%，三、四線城市家庭中擁有非正規信貸的比例最高，為 18.0%。

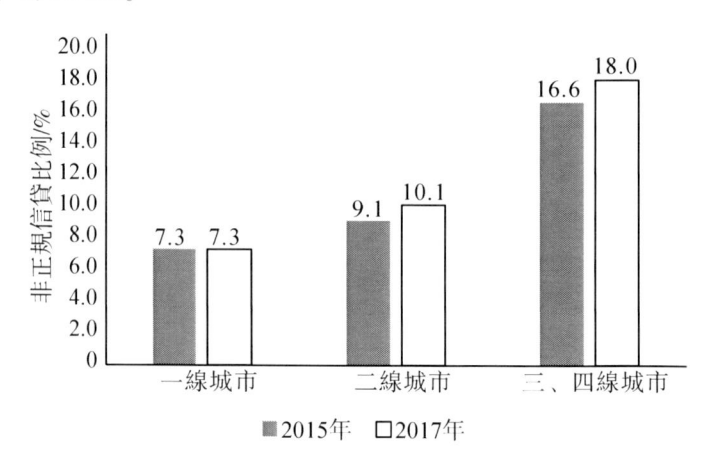

圖 3.9　中國家庭非正規信貸的比例（城市差異）

表 3.4 中的數據表明，收入越高的家庭有非正規信貸的比例越低。2017 年，收入水準在 81%~100% 階層的家庭中擁有非正規信貸的比例僅為 9.6%，且隨著收入水準的降低，其擁有非正規信貸的比例隨之增加；收入水準在 20% 及以下階層的家庭中擁有非正規信貸的比例最高，為 20.8%。

表 3.4　不同收入水準的家庭非正規信貸獲得情況　　　　單位:%

| 收入分組 | 2015 年 | 2017 年 |
|---|---|---|
| 0~20（最低） | 15.4 | 20.8 |
| 20~40 | 16.0 | 19.0 |
| 40~60 | 14.4 | 14.8 |
| 60~80 | 11.3 | 12.0 |
| 80~100（最高） | 10.2 | 9.6 |

表 3.5 描述了不同財富水準家庭非正規信貸的獲得情況。如表 3.5 所示，財富水準與家庭擁有非正規信貸比例的關係呈「倒 U 形」。2017 年，在 81%~100% 的財富階層中，僅有 8.6% 的家庭擁有非正規信貸；在 21%~40% 的財富階層中，擁有非正規信貸的家庭比例高達 20.0%；在 20% 及以下的財富階層中，擁有非正規信貸的家庭比例為 16.5%。

表 3.5　不同財富水準家庭非正規信貸的獲得情況　　　　單位:%

| 財富分組 | 2015 年 | 2017 年 |
|---|---|---|
| 0~20（最低） | 12.2 | 16.5 |
| 21~40 | 16.9 | 20.0 |
| 41~60 | 16.8 | 17.4 |
| 61~80 | 12.5 | 13.2 |
| 81~100（最高） | 9.3 | 8.6 |

圖 3.10 描述了年齡差異下中國家庭非正規信貸的比例。圖中數據表明，隨著戶主年齡增長，家庭非正規信貸比例先隨之上升，到了一定階段後再隨之下降。2017 年，戶主年齡在 16~30 週歲的家庭中擁有非正規信貸的比例為 12.3%；戶主年齡在 31~40 週歲的家庭中擁有非正規信貸的比例為 16.7%；戶主年齡在 41~50 週歲的家庭中擁有非正規信貸的比例高達 20.7%；戶主年齡在 51~60 週歲的家庭中擁有正規信貸的比例為 16.8%；戶主年齡在 60 週歲及以上家庭中擁有非正規信貸的比例為 10.1%。

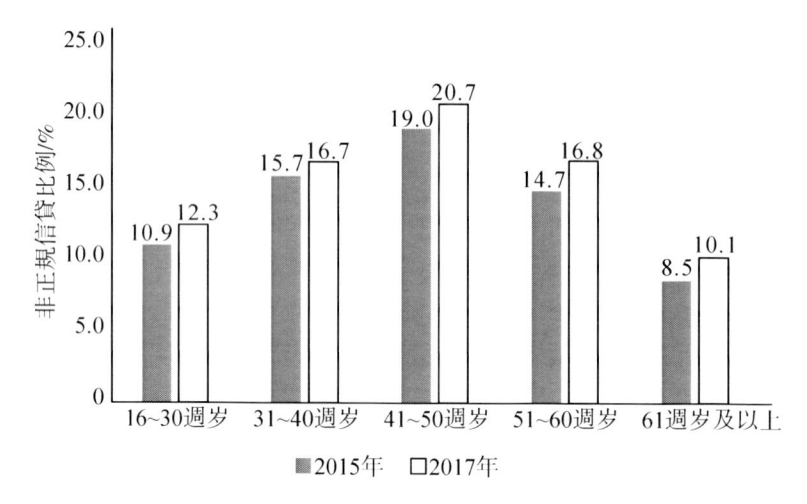

圖 3.10 中國家庭非正規信貸的比例（年齡差異）

圖 3.11 描述了在受教育水準差異下中國家庭非正規信貸的比例。從圖 3.11 中的數據可知，學歷越高的家庭中擁有非正規信貸的比例越低。2017 年，戶主學歷為研究生（碩士、博士）的家庭中擁有非正規信貸的比例最低，為 4.8%；戶主學歷為小學的家庭中非正規信貸的擁有比例最高，為 20.2%。

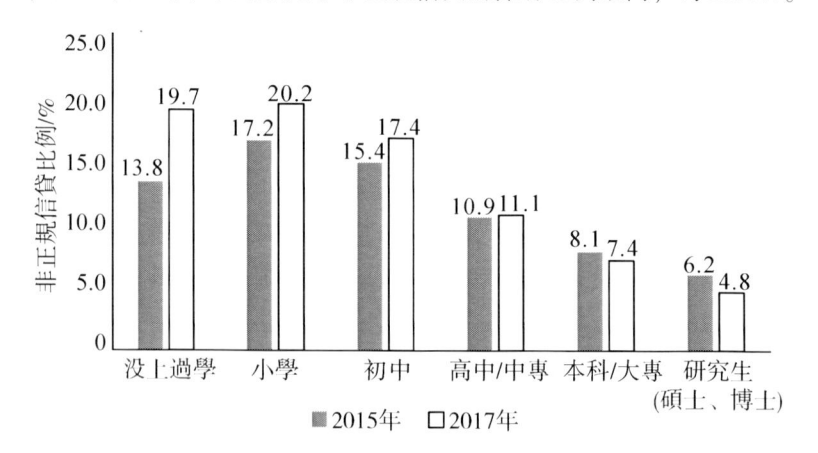

圖 3.11 中國家庭非正規信貸的比例（受教育水準差異）

圖 3.12 描述了在風險態度差異下中國家庭非正規信貸的比例。如圖 3.12 所示，2017 年，風險偏好型家庭擁有非正規信貸的比例最高，為 16.3%；其次為風險厭惡型家庭，其擁有非正規信貸的比例為 15.7%；而風險中立型家庭擁有非正規信貸的比例最低，僅為 14.8%。

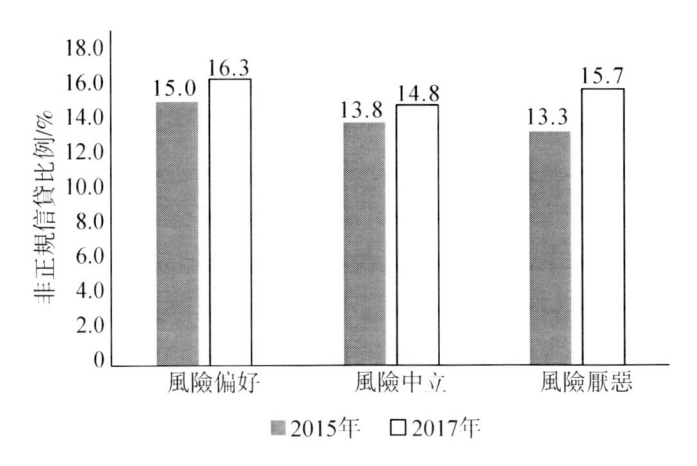

圖 3.12 中國家庭非正規信貸的比例（風險態度差異）

　　圖 3.13 描述了金融素養差異下中國家庭擁有非正規信貸的比例。從圖 3.13 可以看出，金融素養水準越高的家庭，其擁有非正規信貸的比例越低。2017 年，處於較低金融素養水準組的家庭中擁有非正規信貸的比例為 20.0%，處於中等金融素養水準組的家庭中，18.0%的家庭擁有非正規信貸，而處於較高金融素養水準組的家庭中，其擁有非正規信貸的占比最低，為 12.0%。

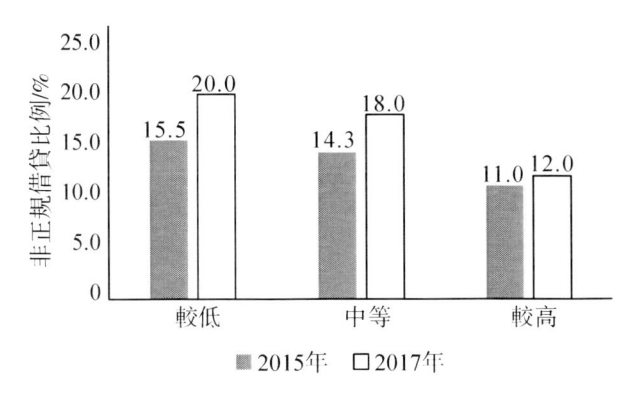

圖 3.13 中國家庭非正規信貸的比例（金融素養差異）

## 3.3　金融素養對家庭信貸行為的影響實證分析

### 3.3.1　描述性統計分析

如表 3.6 所示，隨著金融素養的提高，家庭正規信貸的獲得比例也隨之增

加，同時非正規信貸獲得的比例在減少。在金融素養水準較低的家庭中，2015年和2017年正規信貸獲得的比例分別為6.9%、9.3%；在金融素養水準較高的家庭中，2015年和2017年正規信貸獲得比例分別為21.4%、22.1%。以上數據說明家庭正規信貸獲得隨著家庭金融素養的提升而增加，同時家庭非正規信貸獲得比例表現出了與之相反的規律，即隨著家庭金融素養水準的提高，家庭非正規信貸的比例在降低，這表明家庭金融素養水準可能對家庭信貸渠道偏好具有較大的影響。

表3.6 家庭正規信貸獲得和非正規信貸獲得　　　　單位:%

| 金融素養水準 | 2015年 正規信貸獲得 | 2015年 非正規信貸獲得 | 2017年 正規信貸獲得 | 2017年 非正規信貸獲得 |
| --- | --- | --- | --- | --- |
| 較低 | 6.9 | 15.5 | 9.3 | 20.7 |
| 中等 | 12.9 | 14.3 | 15.1 | 18.0 |
| 較高 | 21.4 | 11.0 | 22.1 | 12.0 |

表3.6分析了家庭金融素養水準和正規信貸獲得、非正規信貸獲得之間的關係，但是並未考慮正規信貸需求和非正規信貸需求。從表3.7可知，整體來看，隨著金融素養水準的提高，家庭對正規信貸的需求逐漸增加，但對非正規信貸需求在降低，這表明金融素養水準的提升改變了家庭信貸渠道偏好。為進一步探究金融素養與家庭信貸行為之間的關係，我們接下來將通過實證分析金融素養水準對家庭正規信貸需求和非正規信貸需求的影響。

表3.7 金融素養水準對家庭正規信貸需求和非正規信貸需求的影響

單位:%

| 金融素養水準 | 2015年 正規信貸需求 | 2015年 非正規信貸需求 | 2017年 正規信貸需求 | 2017年 非正規信貸需求 |
| --- | --- | --- | --- | --- |
| 較低 | 10.6 | 16.8 | 13.6 | 24.0 |
| 中等 | 18.2 | 16.4 | 20.5 | 21.5 |
| 較高 | 25.6 | 13.3 | 29.1 | 16.8 |

### 3.3.2 實證結果分析

#### 3.3.2.1 變量選取

（1）被解釋變量。首先發生信貸的家庭均是有外部融資需求的家庭，其

可以通過正規信貸和非正規信貸兩個渠道進行融資。因而，根據中國家庭金融調查的數據，我們首先準確定義了有信貸需求的家庭。有信貸需求的家庭包括以下幾類：①家庭因為購買商品房、購買家用汽車、生產經營活動等發生了正規信貸的，表現為有正規信貸需求；②目前沒有獲得銀行貸款，但是未獲得貸款的原因為「需要銀行貸款，但是沒有申請」以及選擇「申請了銀行貸款，但是被拒絕」，也表現為有正規信貸需求；③除了銀行貸款之外，家庭還從親朋好友等其他民間渠道融資，以及雖然目前沒有非正規信貸，但是未來打算從民間渠道融資。因而借助中國家庭金融調查獨特的數據優勢，本部分將家庭的信貸需求界定得較為全面，既包含了家庭的正規信貸需求和非正規信貸需求，又包含了家庭的顯性信貸需求和隱性信貸需求，後文關於家庭信貸結構的研究均是基於有信貸需求的家庭。本部分的因變量包括以下幾個變量：「家庭是否獲得正規信貸」「家庭是否獲得非正規信貸」「家庭正規信貸額」「家庭非正規信貸額」「家庭正規信貸額佔總信貸額的比例」「有正規信貸需求的家庭其正規信貸額佔總信貸額的比例」。

（2）解釋變量。參考已有研究的做法，我們在迴歸模型中加入戶主特徵，包括戶主年齡、受教育年限、性別、婚姻狀況、風險態度等，以控制戶主特徵對家庭信貸決策的影響（Jianakoplos et al.，1998）；進一步加入家庭勞動力人數，控制家庭因勞動力人口而導致的生產經營績效不同的異質性影響；同時，家庭的社會網絡對於家庭獲得正規信貸和非正規信貸兩種資源具有顯著的影響，因而加入家庭戶主及其配偶的兄弟姐妹數量和家庭的轉移性支出。研究均表明，具有農業和工商業生產經營的家庭更加有信貸的動機，因而在迴歸中進一步控制了家庭是否有農業或者工商業生產經營的虛擬變量。迴歸中為了控制家庭經濟水準對其信貸行為的影響，加入了家庭的總收入，因家庭可能因為農業或工商業生產經營活動而提高收入和財富水準，因此直接在迴歸中引入家庭總收入可能會導致內生性問題（胡楓 等，2012）。為降低內生性程度，我們在總體迴歸方程中剔除了生產經營收入後的家庭收入。考慮到房產對家庭各種經濟行為具有重要的影響，因而我們在迴歸中進一步控制了家庭是否有自有住房。考慮到地方經濟發展水準對家庭進行生產經營活動的影響，我們在模型中控制了家庭所在地區的縣域銀行數量。同時，不同地區的家庭可能因為生活習慣、文化風俗等不同表現出較大的區域差異性，因此在迴歸模型中我們還控制了省級虛擬變量。

關於其他控制變量的定義與上一章保持一致，在本章不再具體論述。

3.3.2.2 模型選擇

本部分的關注問題是金融素養如何影響家庭的信貸決策等行為。家庭信貸

通常可分解為兩個決策：一是家庭決定是否從正規渠道或者親朋好友等民間渠道借錢，是信貸決策；二是如果發生了信貸，則信貸的金額是多少，因而本部分將首先使用 Probit 模型研究金融素養對家庭正規信貸和非正規信貸獲得的影響，Probit 模型為：

$$Y_1^* = \alpha \text{Financial\_ Literacy} + X\beta + u_1 > 0, \quad (3.1)$$
$$Y_1 = 1 \quad \text{IF} \quad Y_1^* > 0, \text{ otherwise} \quad Y_1 = 0$$
$$Y_2^* = \alpha \text{Financial\_ Literacy} + X\beta + u_2 > 0, \quad (3.2)$$
$$Y_2 = 1 \quad \text{IF} \quad Y_2^* > 0, \text{ otherwise} \quad Y_2 = 0$$
$$u_1 \sim N(0, 1), \; u_2 \sim N(0, 1),$$
$$\text{cov}(u_1, u_2) = 0$$

上式中，$u \sim N(0, \sigma^2)$。$Y_1$、$Y_2$ 是啞變量，等於 1 表示家庭有正規（或非正規）信貸，0 表示沒有；Financial_ Literacy 是我們關注的金融素養；$X$ 是控制變量，包括戶主特徵、家庭人口特徵、縣級銀行數量、省份等地區特徵變量。我們分別迴歸一個很強的假設，使家庭獨立地參與正規信貸和非正規信貸，但實際中，家庭對正規信貸和非正規信貸的決策是相互影響的（周天蕓 等，2005），也就是在迴歸中公式（3.1）和公式（3.2）的殘差項之間是相關的，即 cov（u1，u2）≠0。因而為了保證迴歸的準確性，我們在 Probit 迴歸後進一步採用了二元 Probit（Biprobit）模型進行實證分析。

此外，我們在研究家庭信貸金額時，很多沒有正規信貸或非正規信貸的家庭，其信貸金額為 0，樣本中存在較多正規信貸或者非正規信貸金額為 0 的樣本，Tobit 模型可以較好地處理大量為 0 的樣本。因而我們在研究金融素養對家庭信貸金額的影響時，採用 Tobit 模型進行實證分析，具體模型設定如下：

$$y^* = \alpha \text{Financial\_ Literacy} + X\beta + u \quad (3.3)$$
$$Y = \max(0, y^*) \quad (3.4)$$

公式（3.3）、公式（3.4）是 Tobit 模型。$Y$ 表示家庭正規（或非正規）信貸的額度；$y^*$ 表示觀測到的正規（或非正規）信貸額大於 0 的數值；同樣如上文所述 Financial_ Literacy 是本書的關鍵解釋變量；$X$ 是其他控制變量，包括家庭的其他人口特徵和經濟特徵。考慮到在金融素養對家庭正規信貸和非正規信貸的迴歸中，可能因為遺漏變量和反向因果等原因導致內生性，從而使得估計結果有偏。除此之外，對於家庭金融素養的度量在一定程度上也存在著偏差，因為家庭在回答中國家庭金融調查問卷中設計的三個構建家庭金融素養指數的問題時可能存在一定的猜測，因而導致高估家庭的金融素養水準，低估了金融素養對家庭信貸行為的邊際影響。為了解決以上問題帶來的內生性問題，我們

選取了同一小區除自身外其他家庭金融素養的平均水準。一方面，同一小區家庭之間經濟水準、文化等差異較小，具有較高的相關性，滿足工具變量相關性的條件；另一方面，家庭個體的信貸行為很難反向影響小區的平均金融素養水準，滿足了工具變量的外生性條件。在剔除極端值和異常樣本後，各個變量基本描述性統計如表3.8所示。從表3.8中可以看到，2015年中國有正規信貸家庭的比例為12.1%，2017年中國有正規信貸家庭的比例為13.0%，略有上升；2015年中國有非正規信貸家庭的比例為13.2%，2017年中國有非正規信貸家庭的比例為14.1%；2015年的金融素養指數為-0.011，2017年的金融素養指數為-0.072。整體來講，中國家庭的金融素養水準還普遍較低。

表3.8 變量基本描述性統計

| 變量（2015年） | 觀測值 | 均值 | 標準差 | 最小值 | 最大值 |
| --- | --- | --- | --- | --- | --- |
| 正規信貸比例 | 30,451 | 0.121 | 0.326 | 0 | 1 |
| 非正規信貸比例 | 30,451 | 0.132 | 0.339 | 0 | 1 |
| 金融素養 | 30,451 | -0.011 | 0.963 | -1.254 | 1.400 |
| 戶主年齡 | 30,451 | 53.34 | 13.98 | 21 | 88 |
| 戶主年齡的平方/100 | 30,451 | 30.41 | 15.17 | 4.41 | 77.44 |
| 戶主為男性 | 30,451 | 0.759 | 0.428 | 0 | 1 |
| 戶主已婚 | 30,451 | 0.782 | 0.413 | 0 | 1 |
| 戶主受教育年限 | 30,451 | 9.260 | 4.113 | 0 | 19 |
| 風險偏好型 | 30,451 | 0.090 | 0.287 | 0 | 1 |
| 家庭規模 | 30,451 | 3.533 | 1.742 | 1 | 20 |
| 家中勞動力數 | 30,451 | 1.883 | 1.310 | 0 | 12 |
| 戶主及配偶兄弟姐妹數量 | 30,451 | 5.709 | 3.146 | 0 | 15 |
| Ln（轉移性支出） | 30,451 | 7.62 | 1.69 | 0 | 13.96 |
| 從事農業生產 | 30,451 | 0.323 | 0.468 | 0 | 1 |
| 從事自營工商業 | 30,451 | 0.151 | 0.358 | 0 | 1 |
| 有房 | 30,451 | 0.914 | 0.280 | 0 | 1 |
| Ln（非生產經營收入） | 30,451 | 11.99 | 2.85 | 0 | 16.45 |
| Ln（人均GDP） | 30,451 | 10.89 | 0.38 | 10.17 | 11.59 |
| 農村 | 30,451 | 0.315 | 0.465 | 0 | 1 |

表 3.8（續）

| 變量（2017 年） | 觀測值 | 均值 | 標準差 | 最小值 | 最大值 |
|---|---|---|---|---|---|
| 正規信貸比例 | 23,998 | 0.130 | 0.336 | 0.0 | 1.0 |
| 非正規信貸比例 | 23,998 | 0.141 | 0.348 | 0.0 | 1.0 |
| 金融素養 | 23,998 | −0.072 | 0.958 | −1.254 | 1.400 |
| 戶主年齡 | 23,998 | 56.56 | 13.23 | 22 | 89 |
| 戶主年齡的平方/100 | 23,998 | 33.74 | 15.10 | 4.84 | 79.21 |
| 戶主為男性 | 23,998 | 0.788 | 0.409 | 0 | 1 |
| 戶主已婚 | 23,998 | 0.802 | 0.399 | 0 | 1 |
| 戶主受教育年限 | 23,998 | 8.865 | 3.980 | 0 | 19 |
| 風險偏好型 | 23,998 | 0.083 | 0.275 | 0 | 1 |
| 家庭規模 | 23,998 | 3.957 | 1.971 | 1 | 24 |
| 家中勞動力數 | 23,998 | 1.919 | 1.356 | 0 | 12 |
| 戶主及配偶兄弟姐妹數量 | 23,998 | 5.982 | 3.097 | 0 | 15 |
| Ln（轉移性支出） | 23,998 | 7.78 | 1.57 | 0 | 13.42 |
| 從事農業生產 | 23,998 | 0.379 | 0.485 | 0 | 1 |
| 從事自營工商業 | 23,998 | 0.132 | 0.338 | 0 | 1 |
| 有房 | 23,998 | 0.927 | 0.260 | 0 | 1 |
| Ln（非生產經營收入） | 23,998 | 11.99 | 3.04 | 0 | 16.47 |
| Ln（人均 GDP） | 23,998 | 11.00 | 0.38 | 10.23 | 11.77 |
| 農村 | 23,998 | 0.378 | 0.485 | 0 | 1 |

#### 3.3.2.3 實證結果分析

第一，金融素養與家庭信貸獲得。

表 3.9 分析了金融素養對家庭正規信貸獲得、非正規信貸獲得的影響。第（1）列、第（2）列結果顯示，金融素養的係數在 1% 的水準上顯著為正，表明金融素養顯著提升了家庭通過正規渠道融資的可能性。一種可能的解釋是：一方面，金融素養水準較高的家庭，對銀行等金融機構的貸款流程等的瞭解程度較高，並且有較好的利率感知；另一方面，金融素養水準越高的家庭，能夠更加容易地找到新的投資機會，如在金融市場上的活躍度較高、能夠靈活地利用金融工具為創業融資。除此之外，金融素養水準的提高有助於家庭實現

財富增值保值（Lusardi 和 Mitchell，2007），並且擁有較高金融素養的家庭參與金融市場也更加活躍，從而累積了良好的信用記錄（Kidwell 和 Turrisi，2004），為銀行等正規金融機構提供了信用記錄證明。與此相反的是，金融素養水準較低的家庭可能會對貸款相關政策、相關手續不瞭解，而認為即使提出貸款需求也不會被正規金融機構所滿足，因而主觀上放棄了貸款申請。王翼寧和趙順龍（2007）認為，金融素養水準較低的家庭可能主觀上認為自己不滿足相關的貸款條件，因而主動放棄了貸款申請，最終表現出家庭的正規信貸需求，從而更加偏好於從親朋好友等非正規渠道融資。

表 3.9　金融素養對家庭正規信貸獲得、非正規信貸獲得的影響

| 變量 | (1) 正規信貸 Probit | (2) 正規信貸 Ivprobit | (3) 非正規信貸 Probit | (4) 非正規信貸 Ivprobit | (5) 正規信貸 Biprobit | (6) 非正規信貸 Biprobit |
|---|---|---|---|---|---|---|
| 金融素養 | 0.025*** (0.004) | 0.164*** (0.024) | -0.016*** (0.004) | -0.114*** (0.025) | 0.072*** (0.013) | -0.051*** (0.014) |
| 戶主年齡 | -0.003 (0.003) | -0.003 (0.002) | 0.004* (0.002) | 0.004* (0.002) | -0.010 (0.008) | 0.012* (0.007) |
| 戶主年齡的平方/100 | 0.001 (0.003) | 0.002 (0.002) | -0.005** (0.002) | -0.005*** (0.002) | 0.003 (0.008) | -0.015** (0.007) |
| 戶主為男性 | -0.031*** (0.010) | -0.018* (0.010) | -0.008 (0.009) | -0.014 (0.009) | -0.089*** (0.030) | -0.029 (0.029) |
| 戶主已婚 | 0.013 (0.015) | -0.007 (0.014) | 0.001 (0.013) | 0.014 (0.013) | 0.041 (0.045) | 0.007 (0.043) |
| 戶主受教育年限 | 0.019*** (0.001) | 0.006** (0.003) | -0.012*** (0.001) | -0.005* (0.002) | 0.056*** (0.004) | -0.039*** (0.004) |
| 風險偏好型 | 0.019 (0.014) | 0.010 (0.013) | 0.001 (0.012) | 0.005 (0.012) | 0.053 (0.042) | -0.005 (0.040) |
| 家庭規模 | -0.007 (0.005) | -0.003 (0.004) | 0.012*** (0.004) | 0.010** (0.004) | -0.022 (0.014) | 0.041*** (0.012) |
| 家中勞動力數 | 0.025*** (0.006) | 0.023*** (0.006) | 0.003 (0.005) | 0.003 (0.005) | 0.072*** (0.017) | 0.009 (0.016) |
| 戶主及配偶兄弟姐妹數量 | -0.003** (0.001) | -0.000 (0.001) | 0.006*** (0.001) | 0.004*** (0.001) | -0.008** (0.004) | 0.019*** (0.004) |

表3.9(續)

| 變量 | (1) 正規信貸 Probit | (2) 正規信貸 Ivprobit | (3) 非正規信貸 Probit | (4) 非正規信貸 Ivprobit | (5) 正規信貸 Biprobit | (6) 非正規信貸 Biprobit |
|---|---|---|---|---|---|---|
| Ln（轉移性支出） | 0.001 (0.001) | -0.002* (0.001) | 0.001 (0.001) | 0.004*** (0.001) | 0.002 (0.004) | 0.005 (0.004) |
| 從事農業生產 | -0.013 (0.014) | -0.006 (0.013) | 0.041*** (0.012) | 0.036*** (0.012) | -0.035 (0.039) | 0.121*** (0.039) |
| 從事自營工商業 | 0.056*** (0.011) | 0.022* (0.012) | -0.016 (0.011) | 0.003 (0.011) | 0.164*** (0.032) | -0.052 (0.035) |
| 有房 | -0.005 (0.014) | -0.007 (0.012) | 0.047*** (0.011) | 0.046*** (0.011) | -0.019 (0.040) | 0.159*** (0.034) |
| Ln(非生產經營收入) | 0.003** (0.001) | 0.000 (0.001) | -0.002 (0.001) | 0.000 (0.001) | 0.011** (0.004) | -0.006 (0.005) |
| Ln（人均GDP） | 0.021 (0.020) | -0.008 (0.017) | -0.023 (0.015) | -0.003 (0.015) | 0.057 (0.058) | -0.071 (0.049) |
| 農村 | 0.013 (0.015) | -0.038** (0.015) | -0.007 (0.013) | 0.025** (0.013) | 0.043 (0.045) | -0.036 (0.040) |
| 樣本數 | 54,449 | 54,449 | 54,449 | 54,449 | 54,449 | |
| 一階段F值/工具變量t值 | | 147.13 (20.10) | | 147.13 (20.10) | | |
| DWH檢驗/Wald檢驗 | | 20.49 (0.00) | | 12.45 (0.00) | 562.54 (0.00) | |

註：*、**、***分別表示在10%、5%、1%水準顯著，括號內為聚類異方差穩健的標準差（clustered），表中報告的是估計的邊際效應（marginal effects），迴歸中還控制了省級固定效應。

從控制變量的系數可知，戶主年齡對獲得正規信貸的可能性沒有顯著影響，這與金融機構在貸款審核的時候可能更加看重借款人的收入、資產等硬指標有關，對其年齡的重視程度較低。然而家庭金融素養對非正規信貸的影響可能呈現出「倒U形」，即家庭金融素養對其非正規信貸獲得呈現出先上升後下降的趨勢，中年貸款者具有更大的外部融資需求，或者與資金借出方對資金借入方償還債務的能力進行了一定的判斷（胡楓等，2012）有關。從表3.9的數據可知，戶主受教育水準對正規信貸的邊際影響顯著為正，對非正規信貸的邊際影響顯著為負，這表明受教育水準較高的家庭更加願意通過正規金融機構借款，且也更加容易獲得正規渠道借款；相反，受教育水準較低的家庭會更加

偏好非正規信貸渠道，可能的原因是受教育水準較低的家庭缺乏對正規金融機構貸款手續和流程的瞭解，降低了其通過正規渠道借款的可能性。此外，戶主受教育水準較低，金融機構會降低對其信用評級，從而也增加了獲得金融機構貸款的難度（Li et al., 2011）。戶主為風險偏好型的家庭對其貸款渠道的選擇沒有影響。家庭規模對正規信貸無顯著影響，但對非正規信貸具有顯著的正向影響，可能的解釋是家庭規模較大則是從側面反應了其社會網絡較為發達，因而越有可能在需要融資的時候在親朋好友之間進行拆借。經營工商業的家庭其正規信貸獲得的可能性更高，因為有自營工商業的家庭存在著一定的創業風險或者經營風險，這樣的家庭承擔了很多不確定性風險，使得家庭非正規借出資金會面臨較高的風險，所以大部分金融機構出於資金安全收回的考慮，縮小了對有自營工商業家庭的資金支持力度；同時，從事自營工商業的家庭在生產經營時面臨較大的資金需求，親朋好友之間的非正規信貸往往很難滿足其資金總需求，因而該類家庭的正規信貸獲得會更高。家庭有房對正規信貸的影響較小，但對其非正規信貸有顯著影響，可能的原因是有房家庭顯示出較高的債務償還能力，因而更加容易從親朋好友處融到資金。家庭非生產經營性收入對正規信貸獲得的系數顯著為正，這與基本的經濟直覺相符合，表明金融機構在放款的時候更多地考慮家庭的收入、淨資產等財務指標。較高收入的家庭在銀行等正規金融機構的信用評級較高，且債務償還能力更強，從而其更加偏好也更加容易獲得正規信貸。而省人均 GDP 的系數不顯著，農村變量在工具變量迴歸中顯示，對正規信貸獲得的影響顯著為負，對非正規信貸獲得的影響顯著為正，基本符合客觀事實，因為生活在農村地區的家庭金融可得性較差，且農村家庭由於自身認知偏差等對正規借貸的需求也較低，所以更加偏好非正規信貸融資。

　　然而，由於正規信貸和非正規信貸具有各自的優勢和劣勢，現實中家庭可能會根據自身需求從不同的借款渠道借款，從而滿足自身的借款需求，因而兩個借款渠道之間可能存在一定的相關性，存在共同的因素影響家庭的正規信貸決策和非正規信貸決策。使用兩個獨立的 Probit 模型進行估計可能會存在一定的偏差，為了進一步提高估計的準確性，我們採用雙變量 Probit 模型和 Biprobit 模型進一步估計金融素養對家庭信貸行為的影響。借鑑胡楓和陳玉宇（2012）的做法，進一步使用雙變量 Probit 模型和 Biprobit 模型檢驗金融素養對家庭正規信貸獲得和非正規信貸獲得的影響。表 3.9 中第（5）列、第（6）列報告了雙變量 Probit 模型和 Biprobit 模型的估計結果。第（5）列、第（6）列底部兩方程獨立性沃爾德檢驗結果表明，上文分析金融素養對家庭獲得正規

信貸和非正規信貸的兩個 Probit 模型的誤差項相關,因而上文估計結果存在偏差。在糾正了偏差之後,金融素養對家庭正規信貸獲得的係數變大,且仍在 1% 水準上顯著。這進一步表明,金融素養對家庭正規信貸和非正規信貸均有顯著的影響,表現為金融素養水準的提升顯著增加了家庭正規信貸獲得,同時降低了家庭非正規信貸獲得。

第二,金融素養與家庭信貸額。

接下來,我們研究金融素養對家庭正規信貸額和非正規信貸額的影響。因為中國家庭金融調查中有負債的家庭較低,所以存在大量觀測值為 0 的情況,而 Tobit 模型可以較好地處理大量觀測值為 0 的情況,因而我們採用 Tobit 模型進行迴歸估計。表 3.10 中第(1)列至第(4)列報告了 Tobit 模型的估計結果,從表中估計的結果可知,在控制其他因素不變後,金融素養對家庭正規信貸額有顯著正向影響,對家庭非正規信貸額有顯著的負向影響。除此之外,戶主年齡對家庭非正規信貸額的影響呈「倒 U 形」,但對正規信貸額影響不顯著。戶主受教育水準較高的家庭對正規信貸額和非正規信貸額都有顯著的正向影響。相對於戶主為風險中立型家庭,戶主為風險厭惡型家庭的正規信貸額較低,而戶主風險偏好型家庭無論是正規信貸額還是非正規信貸額都會較多。家庭勞動力人數越多,家庭還款能力越強,因而獲得的正規信貸額也越多。家庭規模和以「戶主及配偶的兄弟姐妹數量」「轉移性指出」反應的是家庭社會網絡的發達程度,因而家庭規模越大、戶主兄弟姐妹的數量越多、轉移性支出越多,則家庭越有動機從親朋好友等非正規渠道進行信貸,同時也越可能獲得更高的信貸額。家庭的非生產經營性收入的係數顯著為正,且對正規信貸額和非正規信貸額均有顯著的正向影響,這表明家庭的收入狀況是其還款能力的信號顯示,因而非生產經營性收入越高則其獲得的正規信貸額和非正規信貸額也越高。

表 3.10　金融素養對家庭正規信貸額和非正規信貸額的影響

| 變量 | (1) 正規信貸額 Tobit | (2) 正規信貸額 IV-Tobit | (3) 非正規信貸額 Tobit | (4) 非正規信貸額 IV-Tobit |
|---|---|---|---|---|
| 金融素養 | 0.228*** (0.032) | 0.608*** (0.110) | -0.047*** (0.015) | -0.152** (0.060) |
| 戶主年齡 | -0.188 (0.017) | -0.005 (0.006) | 0.022*** (0.008) | 0.012*** (0.004) |
| 戶主年齡的平方/100 | -0.000 (0.017) | 0.003 (0.006) | -0.021*** (0.007) | -0.013*** (0.004) |

表3.10(續)

| 變量 | (1) 正規信貸額 Tobit | (2) 正規信貸額 IV-Tobit | (3) 非正規信貸額 Tobit | (4) 非正規信貸額 IV-Tobit |
| --- | --- | --- | --- | --- |
| 戶主為男性 | -0.212*** (0.069) | -0.048* (0.026) | 0.015 (0.035) | 0.005 (0.021) |
| 戶主已婚 | 0.234** (0.101) | 0.011 (0.040) | 0.087 (0.053) | 0.066** (0.031) |
| 戶主受教育年限 | 0.156*** (0.011) | 0.017** (0.007) | -0.017*** (0.005) | -0.001 (0.005) |
| 家庭規模人數 | -0.049 (0.032) | -0.007 (0.013) | 0.048*** (0.013) | 0.024*** (0.008) |
| 家中勞動力人數 | 0.164*** (0.041) | 0.063*** (0.015) | 0.026 (0.017) | 0.015 (0.010) |
| 戶主及配偶兄弟姐妹數量 | -0.028*** (0.009) | -0.002 (0.004) | 0.018*** (0.004) | 0.008*** (0.003) |
| Ln（轉移性支出） | 0.014 (0.009) | -0.006 (0.004) | 0.009** (0.004) | 0.007** (0.003) |
| 從事農業生產 | -0.235** (0.094) | -0.063* (0.037) | -0.010 (0.036) | -0.011 (0.021) |
| 從事自營工商業 | 0.550*** (0.075) | 0.096*** (0.033) | 0.286*** (0.042) | 0.187*** (0.025) |
| 有房 | -0.020 (0.091) | -0.013 (0.035) | 0.131*** (0.035) | 0.076*** (0.021) |
| Ln（非生產經營收入） | 0.037*** (0.010) | 0.003 (0.004) | 0.003 (0.005) | 0.005* (0.003) |
| Ln（人均GDP） | 0.324** (0.163) | 0.017 (0.056) | -0.000 (0.052) | 0.023 (0.030) |
| 農村 | -0.007 (0.103) | 0.103** (0.047) | -0.121*** (0.040) | -0.093*** (0.025) |
| N（刪失/未刪失樣本） | 12,424 | 12,398 | 12,424 | 12,398 |
| 一階段 F 值 |  | 133.10 |  | 133.10 |
| 工具變量 t 值 |  | 19.01 |  | 19.01 |
| DWH 檢驗 |  | 33.6 (0.00) |  | 4.42 (0.04) |

註：*、**、*** 分別表示在10%、5%、1%水準顯著，括號內為聚類異方差穩健的標準差（clustered & robust standard error），迴歸中還控制了省級固定效應。

第三，金融素養與家庭信貸結構。

我們進一步分析金融素養對家庭信貸結構的影響，側重於分析家庭正規信貸占總信貸額的比例。正規信貸占比為家庭正規信貸額占所有信貸額的比重。總的樣本中，若家庭所有的信貸均是從正規金融機構獲得，則家庭正規信貸占比為1；若家庭所有的信貸均是從非正規渠道獲得，則家庭正規信貸占比為0；既有正規信貸又有非正規信貸的家庭，其正規信貸占總信貸額的比例介於0到1之間。考慮到大部分家庭無任何的正規信貸或者非正規信貸，因而樣本中存在大量為0的家庭，基於此，我們採用Tobit模型進行迴歸分析。

表3.11報告了金融素養對家庭正規信貸占比影響的估計結果。其中，第（1）列、第（2）列的研究對象為有融資需求的家庭，具體來講是有正規信貸需求的家庭。結果表明，金融素養對家庭正規信貸占比的邊際影響顯著為正。這可能是因為，金融素養越豐富的家庭，其投資理財的能力也越強，因而累積了更多的財富（Stango et al., 2009；Van Rooij et al., 2012），增加了其債務償還能力，從而也使其在正規金融機構累積了較好的還款記錄，從而增加了其獲得正規信貸的可能性。

不過，上述結果中可能部分家庭沒有正規信貸需求，這樣以全部有信貸需求家庭為樣本研究金融素養對正規信貸占比的影響可能存在結果偏誤。因此，在表3.11中的第（3）列和第（4）列我們僅選用有正規信貸需求的家庭為研究樣本。與表3.11中的第（1）列和第（2）列的結果相比較而言，工具變量迴歸中金融素養對有正規信貸需求的樣本家庭的正規信貸占比的系數稍有下降，IV估計的結果略有增加，且在1%的水準上顯著為正，這進一步驗證了金融素養顯著影響了家庭的信貸結構，顯著促進了家庭正規信貸額占總信貸額的比例。

表3.11　金融素養對家庭正規信貸占比影響的估計結果

| 變量 | （1）有信貸需求樣本 Tobit | （2）有信貸需求樣本 IV-Tobit | （3）有正規信貸需求樣本 Tobit | （4）有正規信貸需求樣本 IV-Tobit |
|---|---|---|---|---|
| 金融素養 | 0.065*** (0.010) | 0.165*** (0.032) | 0.041*** (0.008) | 0.179*** (0.038) |
| 其他變量 | 控制 | 控制 | 控制 | 控制 |
| N | 12,491 | 12,465 | 7,939 | 7,929 |

表3.11(續)

| 變量 | （1）有信貸需求樣本 Tobit | （2）有信貸需求樣本 IV-Tobit | （3）有正規信貸需求樣本 Tobit | （4）有正規信貸需求樣本 IV-Tobit |
|---|---|---|---|---|
| 一階段 F 值/工具變量 t 值 |  | 133.83 (18.91) |  | 89.46 (14.65) |
| DWH 檢驗 chi-sq（p 值） |  | 26.22 (0.00) |  | 22.15 (0.00) |

註：其他控制變量與前文一致，不再報告。

第四，穩健性檢驗。

為了考察上文模型估計結果的可靠性，本部分從多方面對上文模型估計結果進行了穩健性檢驗。首先，部分研究用受訪者正確回答問題的個數來衡量金融素養（Agnew et al., 2005；Guiso et al., 2008）或者用正確回答問題個數占比（Chen et al., 1998）來衡量金融素養。這裡，我們用正確回答問題個數（金融知識得分）來衡量金融素養並進行穩健性檢驗。表3.12報告了金融素養與家庭信貸行為：穩健性/內生性檢驗相應的估計結果。從迴歸結果來看，與上文的結果基本保持一致，因而本書的估計結果是穩健的、可靠的。

表3.12　金融素養與家庭信貸行為：穩健性/內生性檢驗
（金融素養簡單加總）

| 變量 | （1）正規信貸獲得 | （2）非正規信貸獲得 | （3）正規信貸額 | （4）非正規信貸額 | （5）正規信貸占比（有信貸需求樣本） | （6）正規信貸占比（有正規信貸需求樣本） |
|---|---|---|---|---|---|---|
| 金融知識 | 0.029*** (0.005) | -0.019** (0.005) | 0.221*** (0.038) | -0.053* (0.021) | 0.066*** (0.012) | 0.034*** (0.010) |
| 其他變量 | 控制 | 控制 | 控制 | 控制 | 控制 | 控制 |
| N | 13,726 | 13,726 | 12,424 | 12,424 | 12,491 | 7,939 |
| 金融知識 IV-估計 | 0.291*** (0.030) | -0.220** (0.039) | 1.394*** (0.270) | -0.338* (0.135) | 0.382*** (0.080) | 0.341*** (0.077) |
| 其他變量 | 控制 | 控制 | 控制 | 控制 | 控制 | 控制 |
| N | 13,700 | 13,700 | 12,398 | 12,398 | 12,465 | 7,929 |

註：穩健性檢驗部分的迴歸結果中所有其他控制變量均與前文相同。為節省篇幅，除關注變量金融素養外，沒有報告其他控制變量的結果，本章下文同。

其次，我們剔除了家中有人從事金融行業的樣本進行估計。家中有人從事

金融行業的家庭可能對金融機構業務、產品等更加瞭解,因而無論在金融素養水準還是在信貸行為上都可能與其他家庭表現出明顯的不同。表3.13中剔除了家庭中有從事金融行業樣本後的估計結果。與上文結果相比較發現,金融素養的符號和系數與主迴歸結果基本一致,表明本部分的估計結果也是穩健的。

表3.13 金融素養與家庭信貸行為:穩健性/內生性檢驗
(剔除從事金融行業家庭樣本)

| 變量 | (1) 正規信貸 | (2) 非正規信貸 | (3) 正規信貸額 | (4) 非正規信貸額 | (5) 正規信貸占比(有信貸需求樣本) | (6) 正規信貸占比(有正規信貸需求樣本) |
|---|---|---|---|---|---|---|
| 金融知識 | 0.025*** (0.004) | -0.015*** (0.004) | 0.224*** (0.032) | -0.045*** (0.015) | 0.064*** (0.010) | 0.042*** (0.009) |
| 其他變量 | 控制 | 控制 | 控制 | 控制 | 控制 | 控制 |
| N | 13,436 | 13,436 | 12,149 | 12,149 | 12,212 | 7,703 |
| 金融知識 IV-估計 | 0.160*** (0.025) | -0.111*** (0.026) | 0.583*** (0.107) | -0.143** (0.060) | 0.161*** (0.032) | 0.174*** (0.038) |
| N | 13,411 | 13,411 | 12,124 | 12,124 | 12,187 | 7,694 |

最後,家庭的政治資本包括家庭成員的政治身分和行政職務等可能會為家庭經濟活動帶來一定好處從而影響到信貸市場的運作(Knight et al.,2008;金燁和李宏彬,2009)。與胡楓和陳玉宇(2012)一樣,我們加入了「家庭成員中共產黨員的數量」「家庭成員是否有幹部」兩個變量,估計結果如表3.14所示。可以看出,在加入家庭政治資本變量後,金融素養的影響略有降低,但符號與前文一致,且統計顯著性未發生改變,這說明本部分的結果是穩健的。

表3.14 金融素養與家庭借貸行為:穩健性檢驗
(考慮政治資本因素)

| 變量 | (1) 正規信貸 | (2) 非正規信貸 | (3) 正規信貸額 | (4) 非正規信貸額 | (5) 正規信貸占比(有信貸需求樣本) | (6) 正規信貸占比(有正規信貸需求樣本) |
|---|---|---|---|---|---|---|
| 金融素養 | 0.022*** (0.004) | -0.014*** (0.004) | 0.203*** (0.032) | -0.045*** (0.015) | 0.058*** (0.010) | 0.037*** (0.008) |
| 家中黨員數量 | 0.055*** (0.009) | -0.026*** (0.008) | 0.375*** (0.056) | -0.015 (0.036) | 0.109*** (0.018) | 0.062*** (0.013) |
| 家中是否有幹部 | 0.082*** (0.013) | -0.034*** (0.013) | 0.556*** (0.082) | -0.109* (0.057) | 0.149*** (0.026) | 0.093*** (0.020) |
| 其他變量 | 控制 | 控制 | 控制 | 控制 | 控制 | 控制 |

表3.14(續)

| 變量 | (1) 正規信貸 | (2) 非正規信貸 | (3) 正規信貸額 | (4) 非正規信貸額 | (5) 正規信貸占比(有信貸需求樣本) | (6) 正規信貸占比(有正規信貸需求樣本) |
|---|---|---|---|---|---|---|
| N | 13,726 | 13,726 | 12,424 | 12,424 | 12,491 | 7,939 |
| 金融素養 IV-估計 | 0.159*** (0.025) | -0.111*** (0.026) | 0.590*** (0.110) | -0.148** (0.061) | 0.160*** (0.032) | 0.176*** (0.038) |
| 家中黨員數量 | 0.035*** (0.011) | -0.015* (0.009) | 0.082*** (0.024) | 0.003 (0.022) | 0.025*** (0.008) | 0.017* (0.009) |
| 家中是否有幹部 | 0.051*** (0.013) | -0.018 (0.013) | 0.116*** (0.032) | -0.044 (0.033) | 0.031*** (0.010) | 0.026** (0.012) |
| 其他變量 | 控制 | 控制 | 控制 | 控制 | 控制 | 控制 |
| N | 13,700 | 13,700 | 12,398 | 12,398 | 12,465 | 7,929 |

## 3.4 本章小結

信貸對於家庭在其生命週期內平滑消費、維持和擴大生產經營、實現財富增值等具有重要的作用。本章借助中國家庭金融調查大型微觀數據庫，使用2015年、2017年數據，研究了家庭金融素養對家庭信貸行為的影響，同時探究了家庭金融素養對家庭正規信貸和非正規信貸獲得、正規信貸額和非正規信貸額、正規信貸額占總信貸額比值的影響。

實證結果表明，金融素養顯著提升了家庭正規信貸獲得率、降低了家庭非正規信貸獲得率，這表明金融素養的提升顯著增加了家庭融到資金的概率，且對正規信貸額的影響也顯著為正，同時金融素養水準高的家庭也表現出其正規信貸額占總信貸額的比例較高。考慮到遺漏變量和反向因果等因素導致的內生性問題，我們進一步在迴歸中剔除有從事金融行業家庭成員的家庭，也考慮了有政治資本的家庭以及城鄉差異情況，進行了大量的穩健性檢驗，實證分析結果均與主迴歸結果基本一致，這表明實證估計的結果是可靠的、穩健的。

本章的實證研究充分表明了金融素養對家庭正規信貸可得性有顯著正向影響，且抑制了家庭從民間等非正規渠道信貸，這對於政策制定者具有一定的啟示意義。首先，信貸可及性是個全國性問題，不僅存在於廣大農村地區，就連城市地區也面臨無法獲得信貸資源的情況。在推動金融發展、提升金融供給水準的同時，如何針對不同群體實施差異化的金融知識培訓顯得至關重要。其

次，提高金融素養有利於增加家庭的正規信貸需求，並增加家庭的正規信貸可得性，因而對提升家庭和社會的福利水準有著重要的意義。最後，提高公眾金融素養水準在改善家庭融資現狀、增加家庭收入的同時還進一步提升了家庭對銀行等正規金融機構的市場參與。因此，我們應進一步普及金融素養、提高公眾金融素養水準，這將有利於從本質上緩解中國家庭所面臨的信貸約束。

# 4 金融素養與家庭數字金融行為

## 4.1 研究背景

　　數字金融泛指傳統金融機構與互聯網公司利用數字技術實現融資、支付、投資和其他等一種新型金融業務模式（黃益平　等，2018）。這個概念與中國人民銀行等 10 部門定義的「互聯網金融」以及金融穩定理事會（financial stability board，FSB）定義的「金融科技」基本一致。近年來，中國數字金融蓬勃發展，中國銀行業協會發布的數據顯示，2017 年數字支付、手機銀行、網上銀行交易額分別為 120.3 萬億元、216.06 萬億元、1,725.38 萬億元，同比增長 104.7%、53.70%、32.77%[①]。根據西南財經大學中國家庭金融調查與研究中心調查數據計算可知，2017 年中國家庭參與數字支付、互聯網理財、互聯網信貸的比例分別為 31.3%、8.1%、5.8%。數字金融正在逐漸滲透我們生活的方方面面，並改變了大眾參與金融市場的方式。

　　目前，已有關於數字金融的研究主要集中在以下幾個方面：數字金融與普惠金融之間的關係（張曉樸　等，2014；李繼尊，2015）；數字金融對銀行等金融機構經營效率、風險承擔的影響（吳曉求，2015；郭品　等，2015；黃益平　等，2018；北京大學數字金融研究中心課題組，2018；Cortina et al.，2018）；數字金融對小微企業融資的影響（王馨　等，2015）；數字金融對家庭消費（易行健　等，2018）、創新創業（謝絢麗　等，2018；何婧　等，2019）、增收（宋曉玲，2017；張李義　等，2017）等經濟活動的影響。

　　相比於傳統的普惠金融模式，數字金融在普惠金融方面顯示出了強大的生命力。具體表現在以下兩個方面：一方面，從數字金融自身特徵來看，數據挖

---

[①] 數字支付數據來自艾瑞諮詢，手機銀行、網上銀行數據來自《2017 年中國銀行業服務報告》。

掘和信息傳遞的優勢降低了交易成本，提升了金融服務效率，突破了空間和物理約束，拓展了交易可能性邊界，增加了居民平等獲取金融服務的機會，解決了落後地區金融供給不足的問題（謝平　等，2015）；另一方面，從數字金融對傳統金融市場的影響來看，數字金融的發展通過促進多元競爭格局的形成，推動了傳統金融機構的業務升級和轉型，提高了金融服務的效率（吳曉求，2015；郭品　等，2015；Cortina et al.，2018；北京大學數字金融研究中心課題組，2018）。由此可見，數字金融的發展對金融市場的影響無論是在金融產品的供給方面還是在金融服務的獲取方式上都帶來了巨大的創新。

已有研究發現，家庭金融服務的獲取不僅與金融的供給有關（尹志超　等，2015；尹志超　等，2018），也與家庭的金融素養和金融能力密切相關。金融素養的提高可以幫助家庭以更低的成本獲得信貸資金（Disney et al.，2013），顯著增加了家庭的金融市場參與率，並提升了金融決策的有效性（Lusardi et al.，2014；曾志耕　等，2015；吳衛星　等，2018a；魏麗萍　等，2018；周洋　等，2018；宋全雲　等，2017；吳衛星　等，2018b；譚燕芝　等，2019）。然而 Stavins（2002）的研究發現，高知識群體更加容易籌集到資金。尹志超和張號棟（2018）在研究中指出，數字金融的發展僅降低了家庭供給型信貸約束，但對需求型信貸約束並無顯著影響。這一研究結論表明，家庭可能缺乏金融素養而對數字金融風險性和不確定性的認識不充分，導致無法參與數字金融市場。因此，本部分重點關注金融素養對家庭數字金融行為的影響。

以上研究充分表明，數字金融在普惠金融中扮演著重要角色，但是目前已有研究大多圍繞數字金融對實體經濟發展和傳統金融市場的影響兩個方面，鮮有從微觀層面分析家庭數字金融使用的影響因素的研究。

基於此背景，本部分利用西南財經大學中國家庭金融調查與研究中心所收集的 2017 年微觀家庭入戶調查數據，重點探究了家庭金融素養對其數字金融使用的影響，具體分析了金融素養對家庭數字支付、互聯網理財、互聯網信貸三種數字金融行為的影響。從而基於數字金融用戶視角較為全面地把握了中國數字金融的發展現狀，並從需求方的角度回答了數字金融背景下，金融素養的提升能否充分發揮數字金融提升金融服務效率、擴大金融服務半徑的優勢，從而更好地助力普惠金融發展這一問題。本書為金融素養通過降低家庭金融市場排斥概率、提升金融市場參與率提供了微觀證據，為後續實施數字金融素養方面的田野實驗搭建了理論框架，也為數字金融背景下中國開展金融素養教育培訓並以此推動普惠金融工作的進展提供了參考依據。

## 4.2 中國家庭數字金融行為現狀

### 4.2.1 數字支付使用情況

下面將從家庭數字支付、互聯網理財、互聯網信貸三個方面分析中國家庭數字金融行為。我們首先分析了中國家庭數字支付使用情況，如表 4.1 所示。2017 年，全國家庭使用數字支付的比例為 31.3%，其中城市家庭占比 42.4%，農村家庭占比 12.7%。

表 4.1 中國家庭數字支付的使用情況

| 地區範圍 | 數字支付比例/% |
| --- | --- |
| 全國 | 31.3 |
| 城市 | 42.4 |
| 農村 | 12.7 |

圖 4.1 描述了 2017 年中國家庭使用數字支付的區域差異。從圖中可以看出，東部地區家庭使用數字支付的比例為 37.1%；西部地區家庭次之，比例為 29.0%；而中部地區家庭數字支付比例最低，為 25.2%。

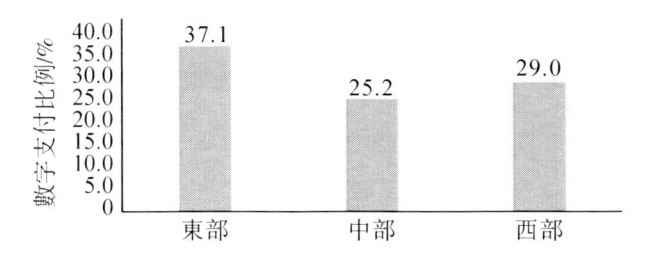

圖 4.1 2017 年中國家庭使用數字支付的區域差異

圖 4.2 進一步描述了 2017 年中國家庭使用數字支付的城市差異。從圖中可以看出，一線城市家庭使用數字支付的比例為 70.7%；二線城市家庭使用數字支付的比例為 40.2%；三、四線城市家庭使用數字支付的比例為 26.2%。

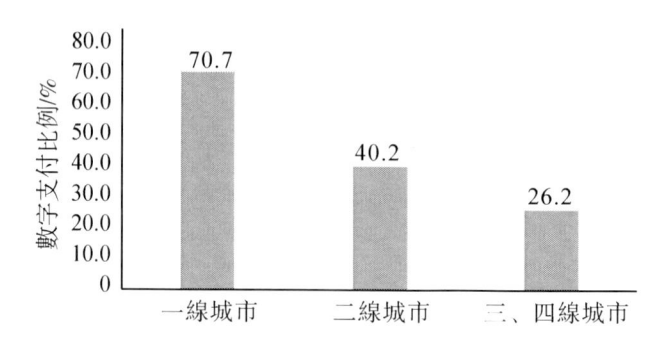

圖 4.2　2017年中國家庭使用數字支付的城市差異

表4.2描述了不同收入水準家庭數字支付的使用情況。由表中數據可以看出，收入水準越高，使用數字支付的家庭比例也就越大。收入水準在0%～20%（最低）階層的家庭中使用數字支付的比例為10.5%，而收入最高的那一部分家庭中使用數字支付的比例為61.2%。

表4.2　不同收入水準家庭數字支付的使用情況　　　　單位:%

| 收入分組 | 數字支付比例 |
| --- | --- |
| 0～20（最低） | 10.5 |
| 21～40 | 17.0 |
| 41～60 | 28.9 |
| 61～80 | 42.2 |
| 81～100（最高） | 61.2 |

表4.3描述了不同財富水準家庭數字支付的使用情況。由表中數據可以看出，財富水準對家庭數字支付行為的影響同收入水準對家庭數字支付行為的影響規律基本一致，即財富水準越高的家庭使用數字支付的比例也越大。財富水準在0%～20%（最低）階層的家庭中使用數字支付的比例為10.2%，其中有互聯網理財的家庭比例為2.1%，有互聯網信貸的家庭比例為2.4%；而財富水準最高的那一部分家庭中，其使用數字支付的比例為60.4%。

表4.3　不同財富水準家庭數字支付的使用情況　　　　單位:%

| 財富分組 | 數字支付比例 |
| --- | --- |
| 0～20（最低） | 10.2 |
| 21～40 | 17.3 |

表4.3(續)

| 財富分組 | 數字支付比例 |
|---|---|
| 41~60 | 29.8 |
| 61~80 | 47.1 |
| 81~100（最高） | 60.4 |

圖4.3描述了戶主年齡與家庭數字支付情況。從圖中可以看出，家庭數字支付使用隨著戶主年齡的增加而減少，其中戶主年齡在16~30週歲的數字支付行為占比最高，為77.7%。

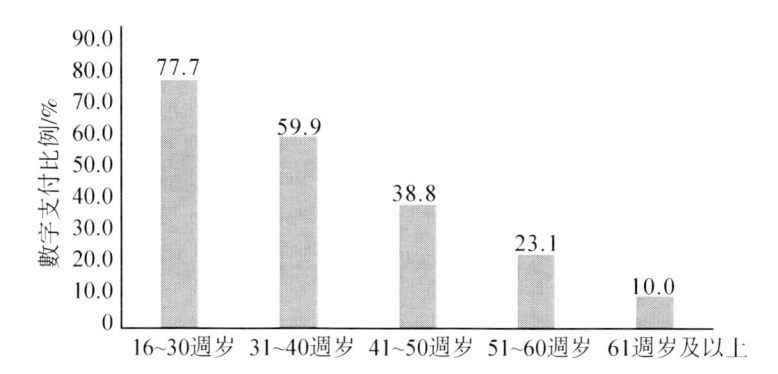

圖 4.3　戶主年齡與家庭數字支付情況

圖4.4描述了戶主受教育水準與家庭數字支付使用情況。由圖可知，家庭數字支付使用行為隨著戶主受教育水準的上升而增加，其中戶主受教育水準為研究生（碩士、博士）的數字支付行為占比最高，為86.9%。

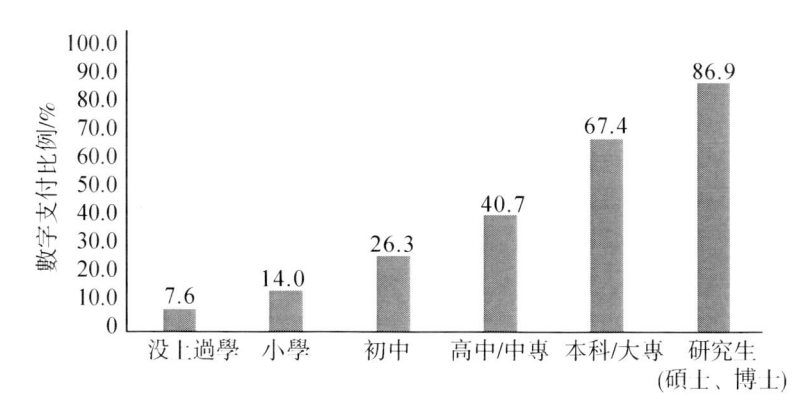

圖 4.4　戶主受教育水準與家庭數字支付使用情況

表4.4描述了不同風險態度家庭的數字支付使用情況。由表中數據可知，家庭採用數字支付的可能性隨著風險厭惡程度的增加而降低，其中風險偏好型家庭數字支付的比例最高，為54.9%。

表4.4 不同風險態度家庭的數字支付使用情況

| 風險態度 | 數字支付比例/% |
|---|---|
| 風險偏好型 | 54.9 |
| 風險中立型 | 51.5 |
| 風險厭惡型 | 24.8 |

### 4.2.2 互聯網理財持有情況

如表4.5所示，2017年，全國家庭使用互聯網理財產品的比例為8.1%，其中城市家庭比例為11.6%，農村家庭比例為2.1%，城鄉差異顯著。

表4.5 中國家庭使用互聯網理財產品的比例

| 地區範圍 | 家庭使用互聯網理財產品的比例/% |
|---|---|
| 全國 | 8.1 |
| 城市 | 11.6 |
| 農村 | 2.1 |

圖4.5描述了2017年中國家庭持有互聯網理財產品的區域差異。從圖中可以看出，東部地區家庭持有互聯網理財產品的比例為11.4%；西部家庭次之，比例為5.8%；而中部家庭持有互聯網理財產品的比例最低，為5.3%。

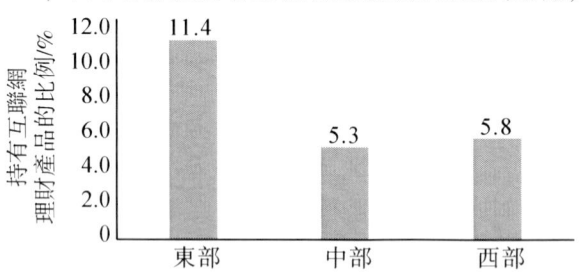

圖4.5 2017年中國家庭持有互聯網理財產品的區域差異

圖4.6進一步描述了2017年中國家庭持有互聯網理財產品的城市差異。從圖中可以看出，一線城市家庭持有互聯網理財產品的比例為22.2%，二線城市及三、四線城市持有互聯網理財產品的比例分別為12.1%和5.8%。

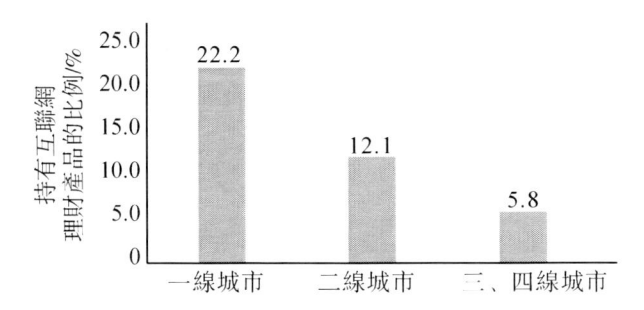

**圖 4.6　2017 年中國家庭持有互聯網理財產品的城市差異**

表 4.6 進一步描述了不同收入水準家庭持有互聯網理財產品的比例。由表中數據可以看出，收入水準越高的家庭持有互聯網理財產品的比例也越大。收入水準在 0%～20%（最低）階層的家庭持有互聯網理財的比例為 2.0%，而收入最高的那一部分家庭持有互聯網理財產品的比例為 21.1%。

**表 4.6　不同收入水準家庭持有互聯網理財產品的比例　　單位:%**

| 收入分組 | 家庭持有互聯網理財產品的比例 |
| --- | --- |
| 0～20（最低） | 2.0 |
| 21～40 | 2.8 |
| 41～60 | 5.1 |
| 61～80 | 10.6 |
| 81～100（最高） | 21.1 |

表 4.7 描述了不同財富水準家庭持有互聯網理財產品的比例。由表中數據可以看出，財富水準對家庭持有互聯網理財產品的比例隨著財富的增加而增加。財富水準在 0%～20%（最低）階層的家庭持有互聯網理財產品的比例為 2.1%，而財富水準最高的那一部分家庭持有互聯網理財產品的比例為 19.5%。

**表 4.7　不同財富水準家庭持有互聯網理財產品的比例　　單位:%**

| 財富分組 | 家庭持有互聯網理財產品的比例 |
| --- | --- |
| 0～20（最低） | 2.1 |
| 21～40 | 3.5 |
| 41～60 | 6.1 |
| 61～80 | 12.2 |
| 81～100（最高） | 19.5 |

圖 4.7 描述了戶主年齡與家庭互聯網理財產品持有情況。從圖中可以看出，家庭互聯網理財產品持有比例隨著戶主年齡的增加而降低。戶主年齡在 16~30 週歲的家庭持有互聯網理財產品的比例最高，為 30.8%。

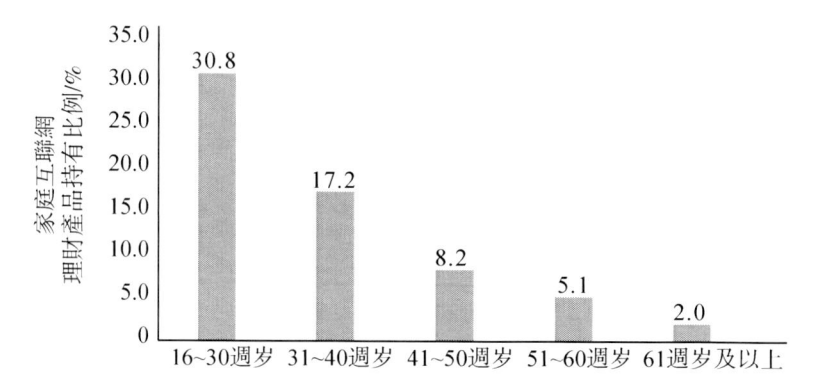

圖 4.7　戶主年齡與家庭互聯網理財產品持有情況

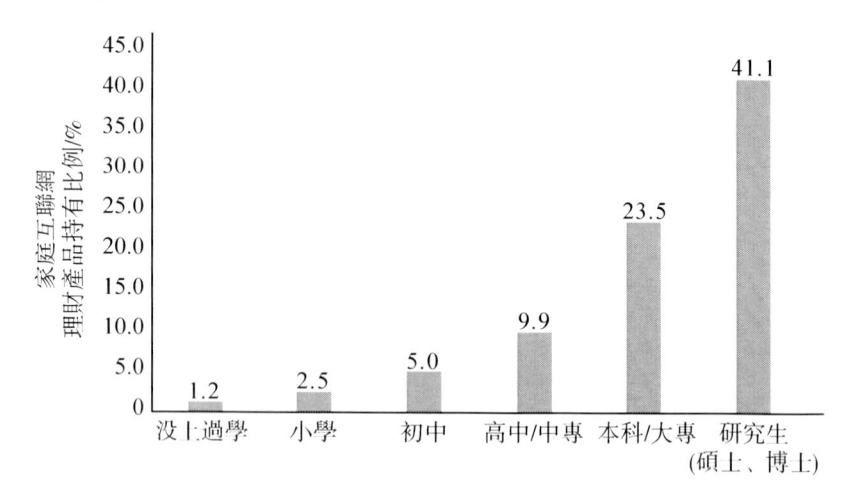

圖 4.8 描述了戶主受教育水準與家庭互聯網理財產品持有情況。由圖可知，家庭持有互聯網理財產品的比例隨著戶主受教育水準的增加而增加。戶主受教育水準為研究生（碩士、博士）的家庭持有互聯網理財產品的比例最高，為 41.1%。

圖 4.8　戶主受教育水準與家庭互聯網理財產品持有情況

表 4.8 描述了風險態度與家庭持有互聯網理財產品的情況。由表中數據可知，風險偏好型家庭持有互聯網理財產品的比例最高，為 16.7%；而風險中立型家庭持有互聯網理財產品的比例為 16.1%，和風險偏好型家庭基本接近，一

個可能的原因是金融機構發行的互聯網理財產品可能多為中低風險產品，因而受家庭風險態度影響較小。

表 4.8 風險態度與家庭持有互聯網理財產品的情況

| 風險態度 | 家庭持有互聯網理財產品的比例/% |
| --- | --- |
| 風險偏好型 | 16.7 |
| 風險中立型 | 16.1 |
| 風險厭惡型 | 5.3 |

### 4.2.3 互聯網信貸參與情況

由表 4.9 可知，2017 年中國有互聯網信貸的家庭比例為 5.8%，其中城市家庭占比 8.4%，農村家庭占比 1.4%，城鄉差異顯著。

表 4.9 中國家庭互聯網信貸情況

| 地區範圍 | 互聯網信貸比例/% |
| --- | --- |
| 全國 | 5.8 |
| 城市 | 8.4 |
| 農村 | 1.4 |

圖 4.9 描述了 2017 年中國家庭互聯網信貸的區域差異。從圖中可以看出，東部地區家庭互聯網信貸的比例為 7.3%；西部地區家庭次之，比例為 5.8%；而中部地區家庭互聯網信貸比例最低，為 3.8%。

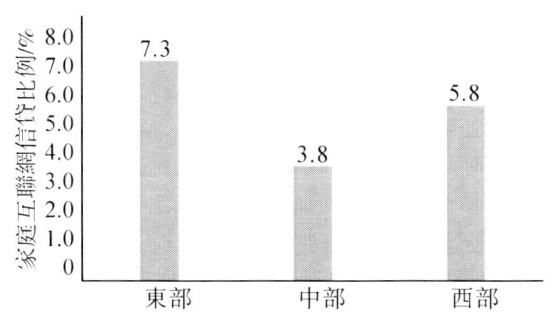

圖 4.9 2017 年中國家庭互聯網信貸情況的區域差異

圖 4.10 描述了 2017 年中國家庭互聯網信貸的城市差異。從圖中可以看出，一線城市有互聯網信貸的家庭占比 15.7%；二線城市有互聯網信貸的家庭占比 8.0%；三、四線城市有互聯網信貸的家庭占比 4.5%。

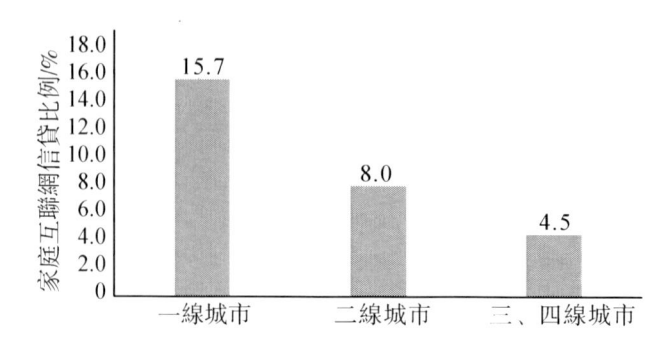

圖 4.10　2017 年中國家庭互聯網信貸的城市差異

表 4.10 進一步描述了不同收入水準家庭互聯網信貸占比情況。由表中數據可以看出，收入水準越高的家庭其互聯網信貸的比例也越大。收入水準在 0%～20%（最低）階層的家庭有互聯網信貸的比例為 1.9%；而收入最高的那一部分家庭有互聯網信貸的比例為 13.3%。

表 4.10　不同收入水準家庭互聯網信貸占比情況　　單位:%

| 收入分組 | 互聯網信貸比例 |
| --- | --- |
| 0～20（最低） | 1.9 |
| 21～40 | 2.8 |
| 41～60 | 4.5 |
| 61～80 | 7.3 |
| 81～100（最高） | 13.3 |

表 4.11 描述了不同財富水準家庭互聯網信貸占比情況。由表中數據可以看出，財富水準越高的家庭互聯網信貸的比例也越大。財富水準在 0%～20%（最低）階層家庭，有互聯網信貸的家庭僅占 2.4%，而收入最高的那一部分家庭中的比例為 11.6%。

表 4.11　不同財富水準家庭互聯網信貸占比情況　　單位:%

| 財富分組 | 互聯網信貸比例 |
| --- | --- |
| 0～20（最低） | 2.4 |
| 21～40 | 3.0 |
| 41～60 | 5.2 |
| 61～80 | 8.5 |
| 81～100（最高） | 11.6 |

圖 4.11 描述了戶主年齡與中國家庭互聯網信貸情況。從圖 4.11 可以看出，家庭互聯網信貸的比例隨著戶主年齡的增加而降低。戶主年齡在 16～30 週歲的家庭互聯網信貸占比最高，為 28.5%。

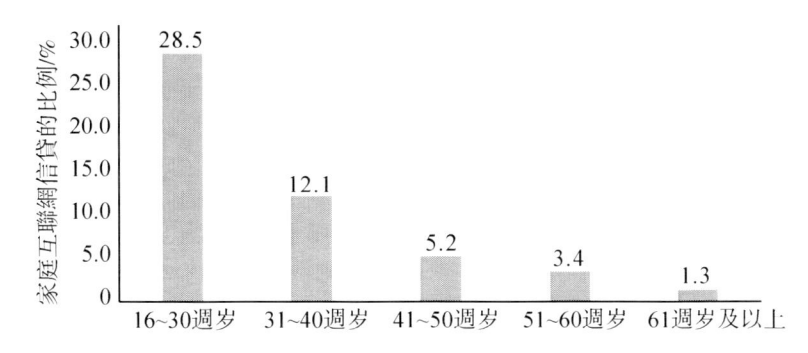

**圖 4.11　戶主年齡與中國家庭互聯網信貸情況**

圖 4.12 描述了戶主的受教育水準與中國家庭互聯網信貸情況。由圖 4.12 可知，家庭互聯網信貸的比例隨著戶主受教育水準的增加而增加，戶主受教育水準為研究生（碩士、博士）的家庭其互聯網信貸的比例最高，為 28.4%。

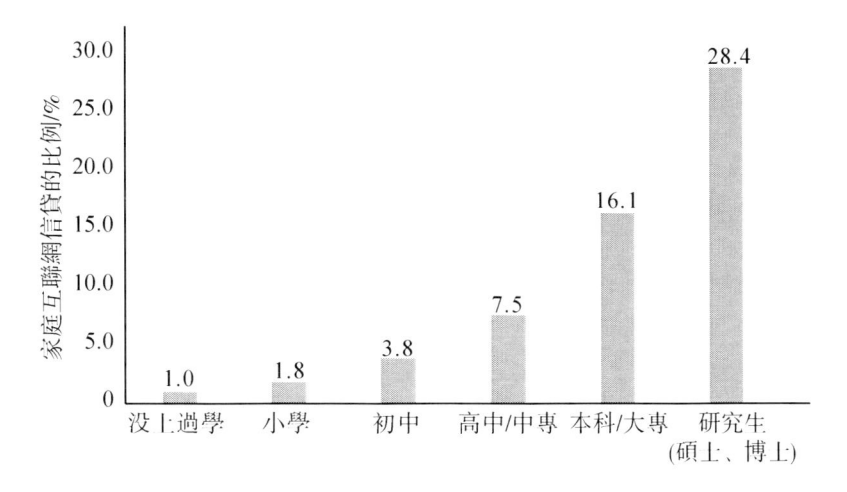

**圖 4.12　戶主受教育水準與中國家庭互聯網信貸情況**

表 4.12 描述了不同風險態度的家庭互聯網信貸占比情況。由表中數據可知，風險偏好型家庭其互聯網信貸的比例最高，為 12.6%；而風險厭惡型家庭中，這一比例僅為 3.5%。

表 4.12　不同風險態度的家庭互聯網信貸占比

| 風險態度 | 互聯網信貸比例/% |
|---|---|
| 風險偏好型 | 12.6 |
| 風險中立型 | 12.2 |
| 風險厭惡型 | 3.5 |

## 4.3　金融素養對家庭數字金融行為的影響實證分析

### 4.3.1　描述性統計分析

如表4.13所示，將金融素養分為較低、中等、較高的三個組後發現，在金融素養水準較高組家庭中，其數字支付、互聯網理財、互聯網信貸的比例均為最高，分別為49.4%、13.7%和8.6%。可以看出，家庭利用數字化渠道參與金融市場的比例隨著金融素養的提升而增加。因為家庭的各類金融行為與其財富、收入水準密切相關，因而表4.14至表4.19又進一步增加了家庭的收入和財富維度，並通過金融素養和財富（收入）兩個維度分析家庭數字金融行為。

表 4.13　不同金融素養水準家庭互聯網信貸占比　　　　單位:%

| 金融素養分組 | 數字支付比例 | 互聯網理財比例 | 互聯網信貸比例 |
|---|---|---|---|
| 較低 | 10.6 | 1.6 | 1.2 |
| 中等 | 25.0 | 4.7 | 3.5 |
| 較高 | 49.4 | 13.7 | 8.6 |

從表4.14、表4.15、表4.16可知，較高金融素養和高等財富組家庭的數字支付、互聯網理財、互聯網信貸的比例分別為56.9%、19.1%和8.7%，均為最高水準，採用收入進行分組後這一效應更加顯著。在較高金融素養組中，各個財富水準等級上家庭參與數字金融市場的比例也均高於同組別的低水準金融素養組家庭。接下來本書將對金融素養對家庭數字金融行為的影響進行實證檢驗。

表 4.14　不同金融素養和財富水準下的家庭數字支付占比　　　　單位:%

| 金融素養水準 | 低等<br>財富組 | 低等偏上<br>財富組 | 中等<br>財富組 | 中等偏上<br>財富組 | 高等<br>財富組 |
|---|---|---|---|---|---|
| 金融素養較低 | 4.6 | 8.8 | 15.6 | 26.7 | 34.5 |
| 金融素養較高 | 13.2 | 20.5 | 34.9 | 48.2 | 56.9 |

表 4.15　不同金融素養和財富水準下的家庭互聯網理財占比　　　單位:%

| 金融素養水準 | 低等<br>財富組 | 低等偏上<br>財富組 | 中等<br>財富組 | 中等偏上<br>財富組 | 高等<br>財富組 |
|---|---|---|---|---|---|
| 金融素養較低 | 0.7 | 1.0 | 2.4 | 4.6 | 7.0 |
| 金融素養較高 | 2.0 | 3.4 | 6.5 | 12.5 | 19.1 |

表 4.16　不同金融素養和財富水準下的家庭互聯網信貸占比　　　單位:%

| 金融素養水準 | 低等<br>財富組 | 低等偏上<br>財富組 | 中等<br>財富組 | 中等偏上<br>財富組 | 高等<br>財富組 |
|---|---|---|---|---|---|
| 金融素養較低 | 0.4 | 1.0 | 1.5 | 3.3 | 4.6 |
| 金融素養較高 | 2.3 | 2.9 | 5.0 | 7.6 | 8.7 |

　　表4.17、表4.18、表4.19進一步採用收入水準進行分組，從表中可知較高金融素養和高等收入組家庭的數字支付、互聯網理財、互聯網信貸的比例分別為63.5%、22.3%和11.4%，均為最高水準，且各組間的差異和採用財富分組的差異呈現出一致的趨勢。這均表明金融素養降低了金融市場對家庭自身財富、收入水準的要求，即使低財富、低收入家庭也可以借助數字金融工具參與金融市場。

表 4.17　不同金融素養及可支配收入水準下的家庭數字支付占比

單位：%

| 金融素養水準 | 低等<br>收入組 | 低等偏上<br>收入組 | 中等<br>收入組 | 中等偏上<br>收入組 | 高等<br>收入組 |
|---|---|---|---|---|---|
| 金融素養較低 | 4.5 | 8.9 | 14.9 | 24.9 | 38.7 |
| 金融素養較高 | 14.1 | 21.9 | 32.3 | 41.3 | 63.5 |

表 4.18 不同金融素養及可支配收入水準下的家庭互聯網理財占比

單位:%

| 金融素養水準 | 低等收入組 | 低等偏上收入組 | 中等收入組 | 中等偏上收入組 | 高等收入組 |
|---|---|---|---|---|---|
| 金融素養較低 | 0.6 | 0.9 | 1.9 | 4.2 | 9.1 |
| 金融素養較高 | 2.3 | 3.2 | 5.2 | 9.9 | 22.3 |

表 4.19 不同金融素養及可支配收入水準下的家庭互聯網信貸占比

單位:%

| 金融素養水準 | 低等收入組 | 低等偏上收入組 | 中等收入組 | 中等偏上收入組 | 高等收入組 |
|---|---|---|---|---|---|
| 金融素養低 | 0.5 | 0.8 | 1.1 | 3.3 | 5.6 |
| 金融素養高 | 2.1 | 2.8 | 4.0 | 5.7 | 11.4 |

### 4.3.2 實證結果分析

#### 4.3.2.1 模型設定

本部分主要分析農戶金融素養水準、互聯網使用對其數字金融行為的影響。我們首先主要採用 Probit 模型進行實證檢驗：

$$\text{Probit}(Y_i = 1) = \alpha \, \text{Literacy\_index}_i + \beta_1 \, \text{Head\_control}_i + \beta_2 \, \text{Household\_control}_i + \beta_3 \, \text{Area\_control}_i + \beta_4 \, \text{Macro\_control}_i + \varepsilon_i \quad (4.1)$$

在公式（4.1）中，$Y_i$ 是虛擬變量，分別表示家庭是否使用了數字支付、是否購買了互聯網理財、是否發生了互聯網信貸。取值為 1，分別表示家庭有數字支付、購買互聯網理財、進行互聯網信貸的數字金融行為；取值為 0 則表示家庭沒有發生數字支付、購買互聯網理財、進行互聯網信貸的數字金融行為。$\text{Literacy\_index}_i$ 表示家庭的金融素養，在總的迴歸中採用滯後 2 年的金融素養指數衡量家庭的金融素養水準。穩健性檢驗時採用滯後 4 年（2013 年）的金融素養指數。$\text{Head\_control}_i$ 表示戶主特徵變量，$\text{Household\_control}_i$ 表示家庭特徵變量，$\text{Area\_control}_i$ 表示地區特徵控制變量，$\text{Macr\_control}_i$ 表示宏觀經濟變量，$\varepsilon_i$ 表示殘差項，其服從標準正態分佈。我們在分析金融素養在城鄉、東中西地區不同的金融供給水準①以及不同分組下對家庭數字金融行為的影響時，仍採用公式（4.1）進行迴歸。

---

① 我們採用金融服務網點衡量。金融服務網點包括自助銀行、ATM 機等自助服務網點，以及惠農金融服務網點等（不包括有銀行工作人員辦理業務的營業網點）。

4.3.2.2 變量選取

表 4.20 是變量基本的描述性統計結果,在剔除了異常值和極端觀測值後,我們得到了 21,568 個樣本。從表中可以看出,2017 年全國家庭採用數字支付占比 28.4%,有互聯網理財的家庭占比 6.8%,有互聯網信貸的家庭占比 4.1%。我們主要關注變量,金融素養指數的均值為 0.04,金融素養指數的最小值為 -1.254,最大值為 1.40。可以看出,中國居民家庭金融素養水準整體較低。其他變量的具體描述性統計如表 4.20 所示。

表 4.20 變量基本的描述性統計結果

| 變量（2017 年） | 觀測值 | 均值 | 標準差 | 最小值 | 最大值 |
| --- | --- | --- | --- | --- | --- |
| 數字支付比例 | 21,568 | 0.284 | 0.45 | 0 | 1 |
| 互聯網理財比例 | 21,568 | 0.068 | 0.25 | 0 | 1 |
| 互聯網信貸比例 | 21,568 | 0.041 | 0.20 | 0 | 1 |
| 金融素養指數 | 21,568 | 0.04 | 0.95 | -1.25 | 1.40 |
| 金融素養得分 | 21,568 | 0.94 | 0.90 | 0 | 3 |
| Log（淨財富） | 21,568 | 12.62 | 1.76 | 7.02 | 16.22 |
| Log（可支配收入） | 21,568 | 10.58 | 1.56 | 0.00 | 13.39 |
| 戶主的年齡 | 21,568 | 55.59 | 13.09 | 3 | 85 |
| 戶主年齡的平方/100 | 21,568 | 32.61 | 14.64 | 0.09 | 72.25 |
| 戶主為男性 | 21,568 | 0.79 | 0.41 | 0 | 1 |
| 戶主受教育年限 | 21,568 | 9.14 | 3.88 | 0 | 19 |
| 戶主已婚 | 21,568 | 0.81 | 0.39 | 0 | 1 |
| 家庭規模人數 | 21,568 | 3.98 | 1.80 | 1 | 10 |
| 家庭勞動力人數 | 21,568 | 1.97 | 1.30 | 0 | 8 |
| 風險偏好型 | 21,568 | 0.09 | 0.29 | 0 | 1 |
| 農村樣本 | 21,568 | 0.35 | 0.48 | 0 | 1 |
| 東部地區 | 21,568 | 0.50 | 0.50 | 0 | 1 |
| 中部地區 | 21,568 | 0.30 | 0.46 | 0 | 1 |
| 西部地區 | 21,568 | 0.20 | 0.39 | 0 | 1 |
| 小區/村鎮銀行數 | 21,568 | 1.87 | 2.37 | 0 | 25 |
| Log（人均 GDP/1,000） | 21,568 | 3.36 | 0.72 | 1.29 | 4.51 |

註:由於該表是剔除了異常值和極端觀測值後的描述性統計,因而數字支付、互聯網理財、互聯網信貸同描述性統計部分略有差異。

#### 4.3.2.3 計量分析結果

第一，金融素養對家庭數字金融行為的影響。

從表4.21可以看出，在控制了可能影響家庭數字金融行為的個體特徵、家庭特徵、地區特徵、宏觀經濟變量後，金融素養對家庭數字支付、互聯網理財、互聯網信貸三種數字金融行為在1%水準上顯著為正，這說明金融素養顯著提升了家庭參與數字金融市場的概率。具體來看，金融素養每增加一個單位，家庭採用數字支付的概率將提升5.5個百分點，互聯網理財的概率將會提升2.3個百分點，互聯網信貸的概率將會提升1.2個百分點，可以看出金融素養顯著提升了家庭參與新興的數字金融市場的概率，尤其是顯著提升了家庭採用數字支付的概率。可能的解釋是家庭通過金融素養修正了對數字金融市場風險的認知，從而使用數字金融服務的概率更高（Lin et al., 2013; Lu Han et al., 2019）。

表4.21 金融素養對家庭數字金融行為的影響

| 變量 | 數字支付 | 互聯網理財 | 互聯網信貸 |
| --- | --- | --- | --- |
| 金融素養 | 0.055*** <br> (0.003) | 0.023*** <br> (0.002) | 0.012*** <br> (0.002) |
| Log（淨財富） | 0.044*** <br> (0.002) | 0.013*** <br> (0.002) | 0.004*** <br> (0.001) |
| Log（可支配收入） | 0.037*** <br> (0.003) | 0.019*** <br> (0.003) | 0.008*** <br> (0.002) |
| 戶主年齡 | -0.010*** <br> (0.002) | -0.004*** <br> (0.001) | -0.004*** <br> (0.001) |
| 戶主年齡的平方/100 | 0.002 <br> (0.002) | 0.002** <br> (0.001) | 0.002*** <br> (0.001) |
| 戶主為男性 | -0.026*** <br> (0.006) | -0.009** <br> (0.004) | -0.001 <br> (0.003) |
| 戶主受教育年限 | 0.005*** <br> (0.001) | 0.002*** <br> (0.001) | 0.001* <br> (0.000) |
| 戶主已婚 | -0.023*** <br> (0.007) | -0.007* <br> (0.004) | -0.006* <br> (0.003) |
| 家庭規模人數 | 0.012*** <br> (0.002) | 0.000 <br> (0.001) | 0.001 <br> (0.001) |
| 家庭勞動力人數 | 0.003 <br> (0.003) | 0.006*** <br> (0.002) | 0.004*** <br> (0.002) |

表4.21(續)

| 變量 | 數字支付 | 互聯網理財 | 互聯網信貸 |
|---|---|---|---|
| 風險偏好型 | 0.050*** (0.009) | 0.018*** (0.005) | 0.011*** (0.004) |
| 農村 | -0.096*** (0.007) | -0.029*** (0.005) | -0.025*** (0.004) |
| Log（人均GDP/1,000） | -0.017 (0.025) | 0.014 (0.019) | -0.013 (0.013) |
| 社區（村莊）銀行數 | 0.003*** (0.001) | 0.001** (0.001) | 0.001** (0.000) |
| 固定效應 | 控制 | 控制 | 控制 |
| N | 21,568 | 21,568 | 21,568 |
| pseudo R2 | 0.294,5 | 0.238,6 | 0.212,4 |

註：*、**、***分別代表10％、5％、1％顯著性水準，系數下方括號裡面的是標準差，固定效應均控制在省級層面，下文其他控制變量同上。

第二，穩健性檢驗。

為保證估計結果的準確性，本部分還進行了穩健性檢驗。我們選取同一家庭滯後兩期的金融素養指數作為家庭金融素養水準的代理變量，並採用與上文相同的變量和估計方法進行估計。家庭數字金融使用的過程中也伴隨著金融素養的累積，因而可能存在反向因果關係。然而2013年被普遍認為是數字金融的元年（黃益平 等，2018；Lu Han et al.，2019），因而2013年的家庭金融素養水準並未受到其自身數字金融行為的影響，因此該變量的選取很好地解決了內生性問題，迴歸結果均在1％水準上顯著，且系數符號均與上文估計結果基本一致，這說明本部分的估計結果是非常穩健的、結論是可靠的。金融素養對家庭的數字金融行為影響的穩健性檢驗，如表4.22所示。

表4.22 金融素養對家庭的數字金融行為影響的穩健性檢驗

| 變量 | 數字支付 | 互聯網理財 | 互聯網信貸 |
|---|---|---|---|
| 金融素養指數 | 0.032*** (0.004) | 0.010*** (0.003) | 0.006*** (0.002) |
| Log（淨財富） | 0.038*** (0.003) | 0.012*** (0.002) | 0.003** (0.001) |
| Log（可支配收入） | 0.174*** (0.009) | 0.058*** (0.007) | 0.051*** (0.007) |

表4.22(續)

| 變量 | 數字支付 | 互聯網理財 | 互聯網信貸 |
| --- | --- | --- | --- |
| 戶主年齡 | 0.033*** (0.004) | 0.014*** (0.003) | 0.007*** (0.002) |
| 戶主年齡的平方/100 | −0.008*** (0.002) | −0.003** (0.001) | −0.003*** (0.001) |
| 戶主為男性 | 0.002 (0.002) | 0.001 (0.001) | 0.001 (0.001) |
| 戶主受教育年限 | −0.016** (0.008) | −0.007 (0.005) | 0.002 (0.004) |
| 戶主已婚 | 0.004*** (0.001) | 0.002*** (0.001) | 0.000 (0.001) |
| 家庭規模人數 | −0.049*** (0.011) | −0.021*** (0.006) | −0.013*** (0.005) |
| 家庭勞動力人數 | 0.015*** (0.002) | 0.000 (0.001) | 0.001 (0.001) |
| 風險偏好型 | −0.001 (0.004) | 0.005** (0.002) | 0.003 (0.002) |
| 農村 | −0.055*** (0.008) | −0.020*** (0.004) | −0.006 (0.004) |
| Log（人均GDP/1,000） | −0.094*** (0.008) | −0.023*** (0.006) | −0.024*** (0.005) |
| 社區（村莊）銀行數 | 0.027 (0.025) | 0.027 (0.017) | 0.011 (0.013) |
| 固定效應 | 控制 | 控制 | 控制 |
| N | 13,358 | 13,358 | 13,358 |
| pseudo $R2$ | 0.311 | 0.249 | 0.209 |

## 4.4 本章小結

本章利用西南財經大學中國家庭金融調查與研究中心2017年所收集的微觀家庭入戶調查數據，基於普惠金融視角探討了金融知識對家庭數字支付、互聯網理財、互聯網信貸三種數字金融行為的影響，主要得出以下結論：金融知

識的增加，對家庭數字支付、互聯網理財、互聯網信貸均有顯著的正向影響。

實證分析結果可啟發相關部門在普惠金融的推進過程中，數字金融僅是從物理上解決了落後地區金融供給不足的問題，其能否更好地服務於普惠金融，關鍵在於金融服務的需求方是否具備使用數字金融的能力，因而在實踐中不僅需要重視金融產品和服務的可得性，更是要關注用戶自身金融知識和金融能力的提升。在金融供給不足的地區，加強對網絡、通信等基礎設施建設的投入，積極普及金融知識並提升家庭數字金融服務可得性，可能是打破家庭對傳統金融市場有限參與的重要途徑。政府相關部門應高度重視開展金融普惠教育，有的放矢地針對不同群體、不同地區的家庭展開差異化的金融知識培訓尤其是數字金融相關知識的培訓。對這些問題的探究有利於家庭通過數字渠道更好地參與金融市場，降低家庭金融排斥，實現金融普惠。

# 5 金融素養與創業、小微企業發展

## 5.1 研究背景

創業對一國創新、經濟發展和就業增長具有重要推動作用，而企業家精神為經濟增長做出了積極的貢獻（李宏彬 等，2009）。一國或地區能否保持持續的經濟增長，關鍵在於是鼓勵企業家創業還是抑制企業家創業（Baumol，1990）。

然而，創業者所經營的企業多為小型、微型企業，容易受外部經濟政策等營商環境變化的影響，使其具有較高退出率。中國家庭金融調查數據2015年追蹤樣本數據顯示，2013年受訪時經營工商業的家庭中有三成家庭在2015年不再從事工商業經營。相關部門不僅應關注如何促進創業，也應關注如何提高創業企業存續率。Shane（2009）研究指出，新建企業只能創造很少的就業機會並僅能創造少量社會財富，政府政策的制定與評估的依據更應當以收入較高且成長潛力大的企業為主。因此，研究居民創業存續問題具有重要的現實意義。

家庭自營工商業所有權與經營管理權高度統一，自我管理、自負盈虧，創業者人力資本特徵如受教育水準、相關工作經驗及技能等一直被認為是對企業存續和企業發展起著非常關鍵的作用（Gimeno，1997），認為經濟管理類大學教育和相關經驗可以顯著促進新建企業成長（Colombo et al.，2005；繆小明 等，2006）。然而，人力資本是多維的。與企業家所獲得的學歷水準或先前工作經驗相比，其對知識、技能的掌握和運用能力對創業企業存續的影響更大（Unger et al.，2011）。Lazear（2004）形象地將創業者比作「百事通」（jack of all trades），認為與受教育水準相比，企業家應該具備多領域的知識並具有整合這些知識的能力。企業家應能夠通過對不確定環境的敏銳觀察，挖掘具有市

場價值的機會、獲取相關的信息和資源，並能夠分析信息、整合資源以很好地利用市場機會（賀小剛，2006）。因而，我們僅從受教育水準或先前的工作經驗分析人力資本特徵，對創業企業存續和企業發展的影響是不全面的。

金融素養這一特殊人力資本作為家庭創業的無形資產，可以幫助企業管理者有效管理、分配企業的所有資源，並提高其對市場環境的瞭解和對市場機遇的把握，通過創新變革推動企業發展、提高企業績效。自營工商業作為家庭一項重要的生產經營活動，持續經營發展是家庭從事工商業生產經營所追求的目標。然而，中國家庭自營工商業企業規模普遍較小、抗風險能力較差，很容易受市場環境等因素影響，發展所面臨的不確定性因素較大；同時，家庭自營工商業多為自雇型企業，即家庭自我經營、自我管理。企業主的個人素質是企業發展的基礎，決定著企業的發展方向。自營工商業從創立到發展都是一系列的資源獲得、分配與利用的決策過程，這一過程不可避免地會涉及財務和資金資源分配管理問題。這就意味著金融素養在家庭自營工商業的發展過程中具有重要影響。

## 5.2　中國家庭創業現狀

### 5.2.1　中國家庭創業區域分佈

圖5.1和圖5.2描述了中國家庭創業區域分佈中的城鄉差異和區域差異。從圖5.1可以看出，全國僅僅超一成的家庭從事工商業生產經營。從區域來看，城市地區家庭的創業比例高於農村地區家庭的創業比例，這說明城市地區家庭創業活力顯著高於農村地區家庭。

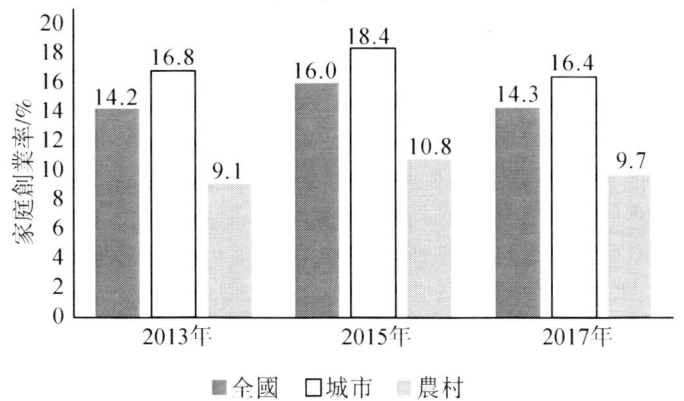

圖5.1　中國家庭創業區域分佈中的城鄉差異

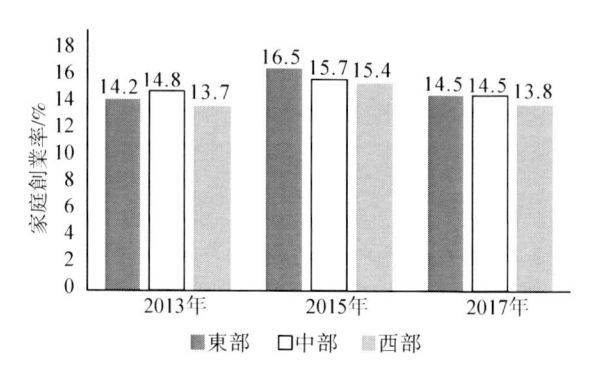

圖 5.2　中國家庭創業區域分佈中的區域差異

從圖 5.2 可以看出，西部地區家庭的創業比例明顯低於東部地區和中部地區的家庭。以 2017 年為例，東部地區和中部地區的家庭創業比例為 14.5%，而西部地區家庭創業的比例為 13.8%。

### 5.2.2　不同年齡段家庭創業分佈

圖 5.3 描述了中國家庭創業區域分佈中的年齡差異。從圖中可以看出，16～30 週歲年齡組家庭和 31～40 週歲年齡組家庭是中國家庭創業的主力軍。以 2017 年為例，在 16～30 週歲年齡組家庭中，有 23.3% 的家庭進行了創業；31～40 週歲年齡組家庭中，有 24.2% 的家庭進行了創業；41～50 週歲年齡組家庭中，有 20.7% 的家庭進行了創業；51～60 週歲年齡組家庭中，有 14.1% 的家庭進行了創業；61 週歲及以上年齡組家庭中，有 6.3% 的家庭進行了創業。可以看出，家庭創業隨年齡增長同樣是先增後減，呈「倒 U 形」，即家庭創業的比例在 30～50 週歲時最高，之後隨年齡的增加創業活力逐漸降低。

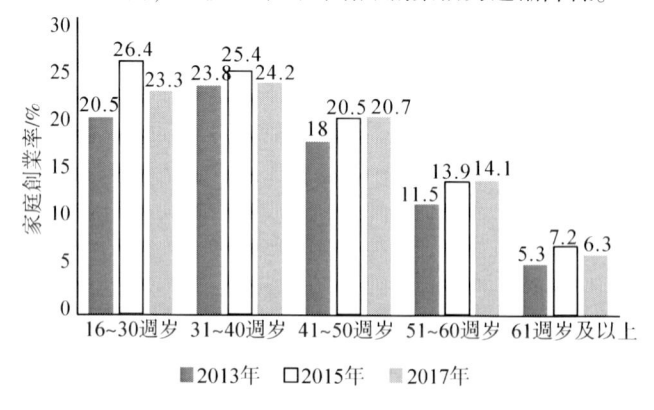

圖 5.3　中國家庭創業區域分佈中的年齡差異

### 5.2.3 受教育水準與家庭創業

圖 5.4 給出了中國家庭創業區域分佈中的受教育水準差異。以 2017 年為例，戶主沒上過學的家庭創業比例為 7.2%，戶主為小學學歷的家庭創業比例為 10.9%，戶主為初中學歷的家庭創業比例為 16.6%，戶主為高中/中專學歷的家庭創業比例為 17.7%，戶主為本科/大專學歷的家庭創業比例為 13.8%，戶主為研究生（碩士、博士）學歷的家庭創業比例為 11.1%。整體來看，家庭創業與受教育水準呈「U 形」關係。在受教育水準不高時，受教育水準的提高可以促進創業，但是隨著受教育水準的提高，受過高等教育的家庭的就業選擇機會也會相應增加，從而使得高學歷家庭的創業比例下降。

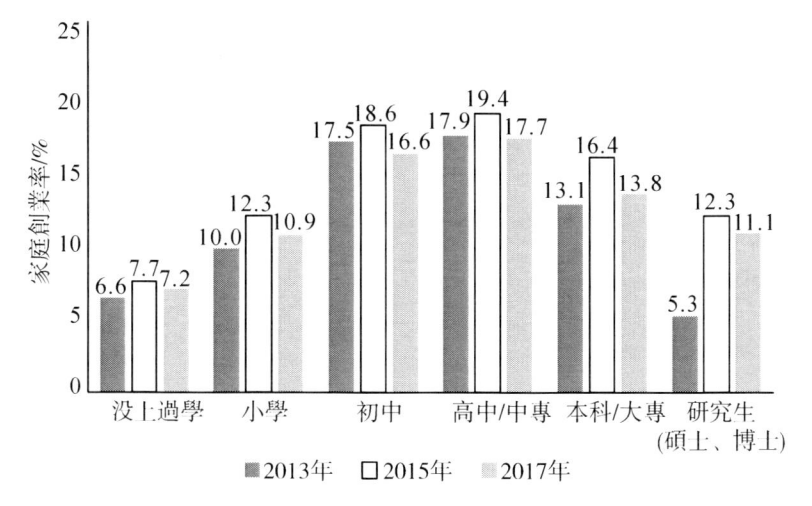

圖 5.4 中國家庭創業區域分佈中的受教育水準差異

### 5.2.4 風險態度與家庭創業

圖 5.5 給出了中國家庭創業區域分佈的風險態度差異。以 2017 年為例，風險偏好型家庭的創業比例為 21.1%，風險中立型家庭的創業比例為 20.2%，風險厭惡型家庭的創業比例為 12.7%。

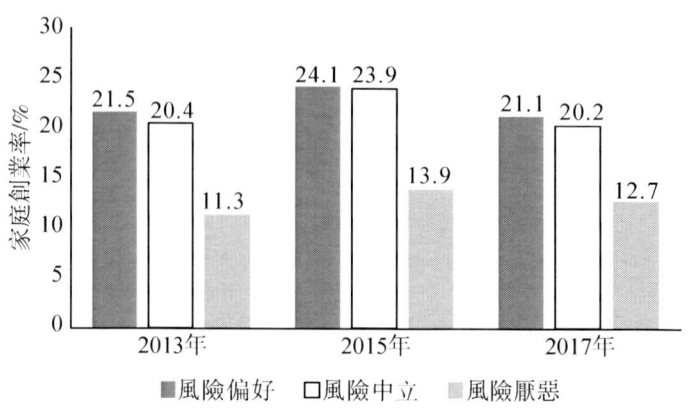

圖 5.5　中國家庭創業區域分佈的風險態度差異

## 5.3　中國小微企業基本現狀

### 5.3.1　行業分佈

從全國來看，中國小微企業的行業分佈很廣泛，基本涉及了國民經濟行業分類的所有大類。儘管如此，中國小微企業的行業分佈仍相對集中。從表 5.1 可以看出，超一半的小微企業從事批發零售業和住宿餐飲業，其比例最高。2013 年，小微企業從事最多的三個行業分別是批發零售業、住宿餐飲業和交通運輸、倉儲及郵政業；2015 年，小微企業從事最多的三個行業分別是批發零售業、住宿餐飲業和製造業；2017 年，小微企業從事最多的三個行業分別是批發零售業、住宿餐飲業、居民服務和其他服務業。從小微企業的行業分佈中可以看出，大部分家庭工商業多集中於服務業。

表 5.1　中國小微企業行業分佈　　　　　　　　　　單位:%

| 行業名稱 | 2013 年 | 2015 年 | 2017 年 |
| --- | --- | --- | --- |
| 採礦業 | 0.7 | 0.2 | 0.4 |
| 製造業 | 7.6 | 7.0 | 8.1 |
| 電力、煤氣及水的生產和供應業 | 0.8 | 0.8 | 0.7 |
| 建築業 | 5.8 | 6.3 | 4.7 |
| 交通運輸、倉儲及郵政業 | 10.8 | 8.0 | 6.7 |
| 信息傳輸、計算機服務和軟件業 | 2.2 | 2.0 | 1.5 |

表5.1(續)

| 行業名稱 | 2013年 | 2015年 | 2017年 |
|---|---|---|---|
| 批發零售業 | 42.0 | 46.8 | 43.7 |
| 住宿餐飲業 | 10.7 | 12.2 | 14.2 |
| 房地產業 | 0.6 | 0.2 | 0.5 |
| 租賃和商務服務業 | 4.4 | 4.7 | 1.6 |
| 居民服務和其他服務業 | 7.6 | 0.2 | 9.0 |
| 其他 | 7.0 | 11.6 | 8.5 |

### 5.3.2 企業年齡分佈

本書將工商業的企業年齡分為1年以內、1~3年(含)、3~7年(含)、7~10年(含)和10年以上。圖5.6描述了中國家庭工商業的企業年齡分佈情況。從圖中可知，中國絕大多數家庭工商業的企業年齡在10年以上，且企業年齡在10年以上的中國家庭工商業的比例逐年增加。以2017年為例，49.9%的小微企業年齡在10年以上；19.4%的小微企業年齡在3~7年（含）；14.7%的小微企業年齡在1~3年；11.3%的小微企業年齡在7~10年（含）；4.8%的小微企業年齡在1年以內。

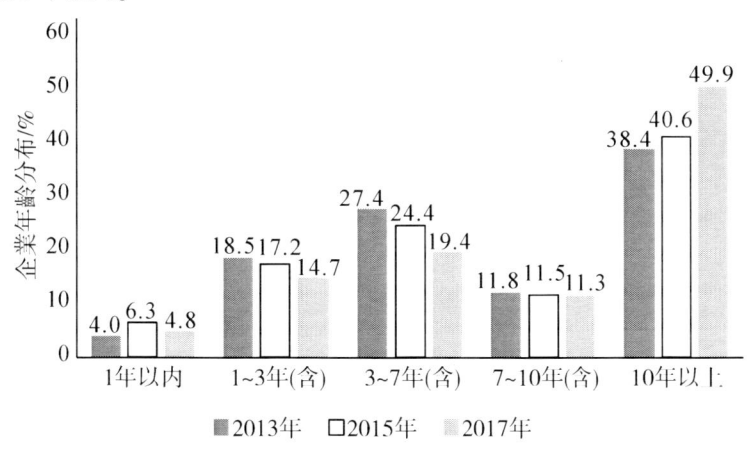

圖5.6 中國家庭工商業的企業年齡分佈情況

### 5.3.3 組織形式分佈

從組織形式來看，中國近八成小微企業的組織形式是個體戶/個體工商戶。以2017年為例，79.8%的小微企業組織形式是個體戶/個體工商戶；4.2%的小

微企業組織形式是合夥企業；3.5%的小微企業組織形式是有限責任公司；2.1%的小微企業組織形式是獨資企業；1.5%的小微企業組織形式是股份有限公司；還有9.0%的小微企業沒有正規的組織形式。中國小微企業組織形式分佈見表5.2。

表 5.2　中國小微企業組織形式分佈　　　　　單位:%

| 組織形式 | 2013年 | 2015年 | 2017年 |
| --- | --- | --- | --- |
| 股份有限公司 | 2.2 | 1.5 | 1.5 |
| 有限責任公司 | 4.1 | 3.8 | 3.5 |
| 合夥企業 | 3.6 | 2.0 | 4.2 |
| 獨資企業 | 1.7 | 1.1 | 2.1 |
| 個體戶/個體工商戶 | 78.7 | 82.3 | 79.8 |
| 沒有正規組織形式 | 9.8 | 9.3 | 9.0 |

### 5.3.4　雇傭員工情況分佈

圖5.7描述了小微企業雇傭員工情況分佈。從圖5.7可以看出，近七成的小微企業沒有雇傭員工；而在有雇傭員工的小微企業中，雇傭1~5（含）人的小微企業的比例最高。以2017年為例，沒有雇傭員工的小微企業比例為69.0%；雇傭1~5（含）人的小微企業比例為18.7%；雇傭5~10（含）人的小微企業比例為4.5%；雇傭10~15（含）人的小微企業比例為1.4%；雇傭15~20（含）人的小微企業比例為1.2%；雇傭20人以上的小微企業比例為5.1%。

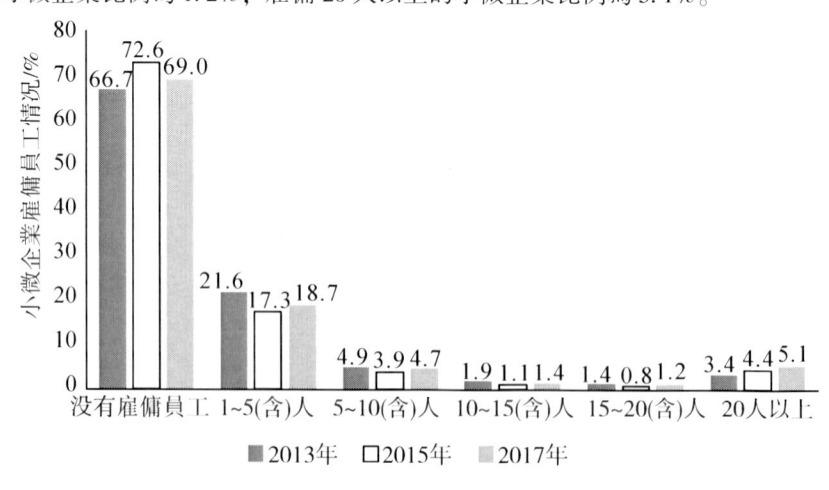

圖 5.7　小微企業雇傭員工情況分佈

## 5.4 金融素養與中國小微企業發展的關係

### 5.4.1 金融素養與家庭創業

我們按照金融素養的高低,將家庭分為三組:較高金融素養組、中等金融素養組和較低金融素養組。表 5.3 描述了金融素養與家庭創業的關係。較高金融素養組家庭在 2013 年、2015 年和 2017 年創業的比例分別為 18.1%、21.5% 和 18.0%;中等金融素養組家庭同期創業的比例分別為 15.4%、16.8% 和 14.5%;較低金融素養組家庭同期創業的比例分別為 9.6%、10.3% 和 9.4%。較高金融素養組家庭的創業比例遠遠高於中等金融素養組家庭和較低金融素養組家庭。由此可見,金融素養的提高可顯著推動家庭參與創業活動。

表 5.3 金融素養與家庭創業的關係　　　　　　單位:%

| 年份 | 創業 |  |  | 主動創業 |  |  | 被動創業 |  |  |
|---|---|---|---|---|---|---|---|---|---|
|  | 較低 | 中等 | 較高 | 較低 | 中等 | 較高 | 較低 | 中等 | 較高 |
| 2013 | 9.6 | 15.4 | 18.1 | 5.9 | 10.6 | 14.0 | 2.9 | 3.6 | 2.7 |
| 2015 | 10.3 | 16.8 | 21.5 | 6.4 | 11.9 | 16.5 | 3.1 | 3.9 | 3.9 |
| 2017 | 9.4 | 14.5 | 18.0 | 6.1 | 9.9 | 13.6 | 2.7 | 3.8 | 3.7 |

進一步借鑑全球創業觀察 (global entrepreneur ship monitor, GEM) 的分類方式,全球創業觀察從創業動機的角度將創業分為生存型創業和機會型創業。和機會型創業相比,生存型創業往往是因為創業者找不到工作而導致的一種被動型創業,機會型創業更多是一種主動型創業[①]。按照家庭參與工商業經營動因不同進行分類,若家庭是因「從事工商業能掙得更多(錢)」「想自己當老板」「更靈活,自由自在」「社會責任、解決就業」而從事工商業生產經營,則認為其是機會型創業;若家庭是因「找不到其他工作機會」才從事工商業生產經營,則屬於生存型創業。一般而言,機會型創業者更富有創業激情和創新精神,其對經濟增長的促進作用也更明顯。由表 5.3 可知,較高金融素養組家庭在 2013 年、2015 年和 2017 年機會型創業的比例分別為 14.0%、16.5% 和 13.6%;中等金融素養組家庭同期機會型創業的比例分別為 10.6%、11.9% 和

---

① 參考全球創業觀察 (GEM) 在 2002 年和 2003 年發布的報告。

9.9%；較低金融素養組家庭同期機會型創業的比例分別為 5.9%、6.4% 和 6.1%。較高金融素養組家庭機會型創業比例遠遠高於中等金融素養組家庭和較低金融素養組家庭。然而在生存型創業上，不同金融素養家庭的創業比例差異並不明顯。因此，金融素養可以顯著促進家庭機會型創業。

### 5.4.2　金融素養與小微企業資產規模

我們按照家庭金融素養的高低將小微企業分為三組：較高金融素養組、中等金融素養組和較低金融素養組。表 5.4 給出了金融素養與小微企業資產規模分佈情況。較高金融素養組小微企業是否處於較高的資產規模呢？我們按照企業資產規模將小微企業由低到高劃分為 5 組（資產 0%~20% 組、資產 21%~40% 組、資產 41%~60% 組、資產 61%~80% 組、資產 81%~100% 組）。以 2017 年為例，較高金融素養組從低資產規模小微企業到高資產規模小微企業的比例依次為 27.7%、36.6%、41.0%、50.5% 和 56.6%；較低金融素養組從低資產規模小微企業到高資產規模小微企業的比例依次為 35.5%、28.6%、23.5%、18.6% 和 12.5%。這表明，金融素養可以在很大程度上改善小微企業資產狀況，提高他們所處的資產階層。

表 5.4　金融素養與小微企業資產規模分佈情況　　　　單位：%

| 資產規模 | 2013 年 較低 | 中等 | 較高 | 2015 年 較低 | 中等 | 較高 | 2017 年 較低 | 中等 | 較高 |
|---|---|---|---|---|---|---|---|---|---|
| 0~20 | 35.5 | 35.0 | 29.5 | 33.8 | 35.8 | 30.4 | 35.5 | 36.8 | 27.7 |
| 21~40 | 31.6 | 35.3 | 33.1 | 31.6 | 35.3 | 33.1 | 28.6 | 34.8 | 36.6 |
| 41~60 | 20.9 | 32.3 | 46.8 | 20.9 | 32.3 | 46.8 | 23.5 | 35.5 | 41.0 |
| 61~80 | 20.5 | 31.6 | 47.9 | 20.5 | 31.6 | 47.9 | 18.6 | 30.9 | 50.5 |
| 81~100 | 13.8 | 29.4 | 56.9 | 13.8 | 29.3 | 56.9 | 12.5 | 30.9 | 56.6 |

### 5.4.3　金融素養與小微企業營業收入

表 5.5 給出了金融素養與小微企業營業收入分佈情況。較高金融素養組是否處於較高的營業收入呢？我們按照企業營業收入將小微企業由低到高劃分為 5 組，依次是低營業收入小微企業（0%~20%）、中低營業收入小微企業（21%~40%）、中等營業收入小微企業（41%~60%）、中高營業收入小微企業（61%~80%）和高營業收入小微企業（81%~100%）。以 2017 年為例，較高

金融素養組從低營業收入小微企業到高營業收入小微企業的比例依次為43.5%、30.4%、35.1%、46.9%和57.3%；較低金融素養組從低營業收入小微企業到高營業收入小微企業的比例依次為24.1%、33.4%、27.6%、18.6%和13.1%。這表明，金融素養與小微企業的營業收入呈「U形」關係。

表5.5　金融素養與小微企業營業收入分佈情況　　　單位:%

| 營業收入 | 2013年 較低 | 2013年 中等 | 2013年 較高 | 2015年 較低 | 2015年 中等 | 2015年 較高 | 2017年 較低 | 2017年 中等 | 2017年 較高 |
|---|---|---|---|---|---|---|---|---|---|
| 0~20 | 26.1 | 32.5 | 41.4 | 23.4 | 31.6 | 45.0 | 24.1 | 32.4 | 43.5 |
| 21~40 | 36.6 | 34.2 | 29.2 | 30.9 | 37.4 | 31.7 | 33.4 | 36.2 | 30.4 |
| 41~60 | 27.3 | 33.6 | 39.1 | 20.5 | 36.6 | 42.9 | 27.6 | 37.3 | 35.1 |
| 61~80 | 20.3 | 34.9 | 44.8 | 16.5 | 32.0 | 51.5 | 18.6 | 34.5 | 46.9 |
| 81~100 | 14.7 | 28.5 | 56.8 | 8.2 | 29.7 | 62.1 | 13.1 | 29.6 | 57.3 |

### 5.4.4　金融素養與小微企業創新

創新是一個企業不斷發展的動力，圖5.8描述了金融素養對於企業創新的影響。從圖中可以清晰地看到，無論是2015年還是2017年，較高金融素養組小微企業創新的比例均遠遠高於中等金融素養組小微企業和較低金融素養組小微企業。以2017年為例，較高金融素養組小微企業創新的比例為19.8%，高出中等金融素養組小微企業4.6%，比較低金融素養組小微企業高9.3%。這表明，金融素養的提高可以在很大程度上改善小微企業的創新狀況。

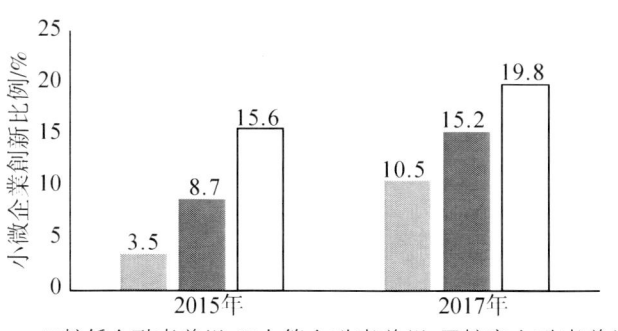

圖5.8　金融素養對於企業創新的影響

### 5.4.5　金融素養與小微企業電子商務

電子商務的快速發展對於企業經營環境、行業競爭結構均具有深刻影響。圖 5.9 描述了金融素養對於小微企業使用電子商務的影響。從圖中可以清晰地看到，較高金融素養組小微企業在 2015 年和 2017 年使用電子商務的比例分別為 10.0% 和 11.9%，而較低金融素養組小微企業同期使用電子商務的比例僅僅只有 2.5% 和 5.5%。這表明，金融素養的提高可以在很大程度上促進小微企業使用電子商務。

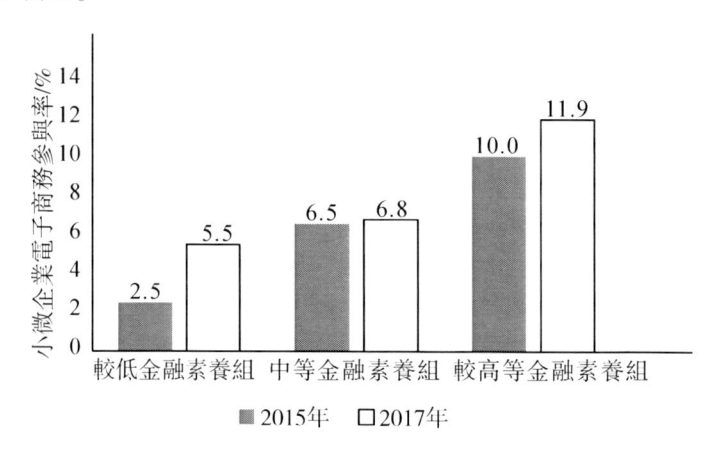

圖 5.9　金融素養對於小微企業使用電子商務的影響

### 5.4.6　金融素養與小微企業融資

小微企業融資難、融資貴是政府和學術界一直非常關心的問題。正規信貸和非正規信貸是企業主要的兩種外部融資渠道。正規信貸主要指企業從國有銀行、股份制商業銀行、城市商業銀行、農村商業銀行、城市銀行、農村信用社等正規金融機構獲得貸款。非正規信貸則是指小微企業從親戚朋友、地下錢莊等處獲得貸款。

研究企業的融資行為要以融資需求為前提。企業信貸行為的發生是以企業有信貸需求為前提。圖 5.10 描述了 2013—2017 年的金融素養與小微企業信貸需求情況。可以看到，2013 年和 2017 年，較高金融素養組小微企業有信貸需求的比例都要高於中等金融素養組小微企業和較低金融素養組小微企業。2015 年較高金融素養組小微企業有信貸需求的比例雖然低於中等金融素養組小微企業，但是明顯高於較低金融素養組小微企業。可見，金融素養能夠有效地提高小微企業的信貸需求。

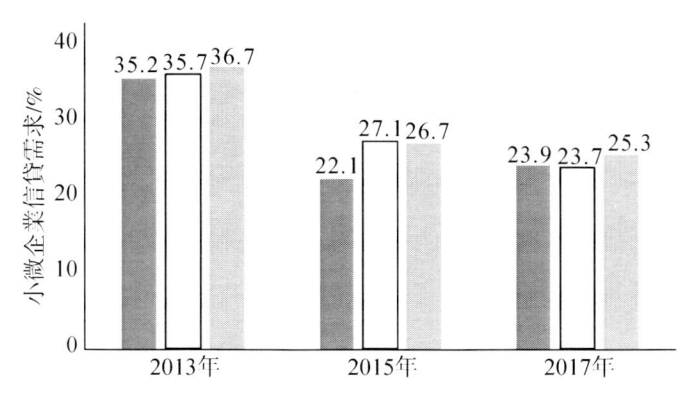

圖 5.10  金融素養與小微企業信貸需求情況

表 5.6 描述了金融素養對於小微企業信貸獲得的影響。我們的研究樣本限定為有信貸需求的小微企業。如表 5.6 所示，金融素養提高了小微企業獲得正規信貸的可得性，降低了小微企業獲得非正規信貸的可能性。以 2017 年為例，較高、中等、較低金融素養組小微企業獲得正規信貸的比例分別為 44.8%、40.9% 和 41.4%，而獲得非正規信貸的比例分別為 39.4%、46.3% 和 55.6%。

表 5.6  金融素養對於小微企業信貸獲得的影響　　　　單位:%

| 年份 | 正規信貸 | | | 非正規信貸 | | |
|---|---|---|---|---|---|---|
| | 較低 | 中等 | 較高 | 較低 | 中等 | 較高 |
| 2013 | 27.0 | 32.6 | 34.2 | 67.5 | 68.8 | 63.2 |
| 2015 | 32.1 | 39.7 | 46.5 | 57.8 | 51.1 | 43.6 |
| 2017 | 41.4 | 40.9 | 44.8 | 55.6 | 46.3 | 39.4 |

表 5.7 進一步探討了金融素養與小微企業各類信貸渠道的分佈情況。以 2017 年為例，較高、中等、較低金融素養組小微企業僅有正規渠道信貸的比例分別為 34.5%、30.2% 和 29.3%；既有正規渠道也有非正規渠道信貸的比例分別為 10.3%、10.7% 和 12.2%；僅有非正規渠道信貸的比例分別為 29.2%、35.7% 和 43.5%。我們分別計算小微企業使用正規信貸和非正規信貸的比例可以發現，在有信貸需求的小微企業中，隨著金融素養的提高，小微企業更多地通過正規信貸渠道進行借款，對非正規信貸渠道的使用越來越少。

表 5.7　金融素養與小微企業各類信貸渠道的分佈情況　　單位:%

| 信貸渠道 | 2013 年 | | | 2015 年 | | | 2017 年 | | |
|---|---|---|---|---|---|---|---|---|---|
| | 較低 | 中等 | 較高 | 較低 | 中等 | 較高 | 較低 | 中等 | 較高 |
| 只有正規渠道 | 17.7 | 18.4 | 20.0 | 22.0 | 28.7 | 35.0 | 29.3 | 30.2 | 34.5 |
| 既有正規渠道也有非正規渠道 | 10.1 | 13.8 | 14.1 | 9.9 | 11.9 | 11.5 | 12.2 | 10.7 | 10.3 |
| 只有非正規渠道 | 56.9 | 55.6 | 49.0 | 47.3 | 38.9 | 32.1 | 43.5 | 35.7 | 29.2 |

　　表 5.8 進一步探討了金融素養對於小微企業正規信貸獲得的影響。可以看到，金融素養顯著提高了小微企業申請正規信貸的可能性以及申請正規信貸並獲得的可能性。如表 5.8 所示，較高金融素養組小微企業在 2013 年、2015 年和 2017 年申請正規信貸的比例分別為 60.2%、70.0% 和 71.4%，遠遠高於同期較低金融素養組小微企業申請貸款的比例。較高金融素養組小微企業在 2013 年、2015 年和 2017 年申請正規信貸並獲得的比例分別為 82.7%、83.3% 和 90.9%，遠遠高於同期較低金融素養組小微企業申請貸款的比例。金融素養的提高會使小微企業在面臨信貸需求時更多地選擇申請正規信貸，同時由於金融素養高，更熟悉借款的流程與步驟，高等金融素養組小微企業申請正規信貸獲批的可能性也更高。

表 5.8　金融素養對於小微企業正規信貸獲得的影響　　單位:%

| 年份 | 申請 | | | 申請並獲得 | | |
|---|---|---|---|---|---|---|
| | 較低 | 中等 | 較高 | 較低 | 中等 | 較高 |
| 2013 | 53.6 | 58.3 | 60.2 | 75.5 | 80.4 | 82.7 |
| 2015 | 65.5 | 68.1 | 70.0 | 75.7 | 80.1 | 83.3 |
| 2017 | 64.3 | 68.3 | 71.4 | 89.4 | 82.7 | 90.9 |

## 5.5 金融素養對創業和小微企業經營表現的影響實證分析

### 5.5.1 模型設定

本章首先分析金融素養對家庭創業決策的影響，我們首選全部家庭樣本作為研究對象。模型設定如下：

$$Business_i = \alpha_0 + \beta_1 FL_i + \gamma_i \delta + \mu_i \tag{5.1}$$

公式（5.1）中，$Business_i$ 是被解釋變量；如果樣本家庭從事工商業生產經營則取值為1，若樣本家庭不從事工商業生產經營則取值為0。$FL_i$ 表示受訪者家庭的金融素養，參數 $\beta_1$ 是本書重點關注的變量。$\gamma_i$ 為其他控制變量，包括家庭規模、勞動力人口數等家庭特徵變量；性別、婚姻狀況、風險態度等戶主特徵變量；轉移性支付等社會網絡變量；創業氛圍等地區特徵變量。具體的變量含義將在接下來的部分進行分析。$u_i$ 代表迴歸中不可觀測的因素。為了保證估計結果的可靠性，我們做了以下處理：一方面，我們在迴歸中控制了地區的固定效應；另一方面，我們對迴歸分析進行了異方差處理和集聚處理（cluster），所有迴歸結果中報告的標準差都是區（縣）層面的集聚異方差穩健標準差。

接下來我們分析家庭的創業動機，我們以創業家庭為樣本，具體模型設定如下：

$$Business\_type = \alpha_0 + \beta_1 FL_i + \gamma_i \delta + \mu_i \tag{5.2}$$

公式（5.2）也是 Probit 模型。$Bsuiness\_type_i$ 是家庭創業類型的虛擬變量，如果家庭是主動創業（機會型創業）則該變量取值為1；如果家庭是被動創業（生存型創業）則該變量取值為0；其他變量的定義與公式（5.1）一致。由於我們的迴歸只能觀測到創業家庭的創業動力，因此存在著樣本選擇問題，我們參考 Heckman 兩步法用 Heckman Probit 模型進行糾正。

之後我們分析金融素養對小微企業創業表現的影響。本書使用企業規模（員工數量）和營業收入衡量小微企業的創業表現。

首先，我們使用 OLS 模型，將其用於以家庭自營工商業營業收入為考察對象的迴歸分析中。方程如下：

$$Business\_income_i = \alpha_0 + \beta_1 FL_i + \gamma_i \delta + \mu_i \tag{5.3}$$

其中，$Business\_income_i$ 代表從事自營工商業家庭去年的工商業總收入，為了修正數據可能存在的非正態性，我們對工商業家庭的營業收入進行了對數

變換。$FL_i$ 為關注變量金融素養。其他變量的定義與上文一致。

其次，我們使用 Tobit 模型分析金融素養對小微企業規模（員工數量）的影響。由本章第三部分的描述性可知，超六成的小微企業在日常的生產經營中沒有雇傭員工，因此在我們的樣本觀測值中，小微企業的規模（員工數量）存在大量觀測值為 0 的情況，而 Tobit 模型恰好可以處理這個情況。因此模型設定如下：

$$Business\_staff_i = \alpha_0 + \beta_1 FL_i + \gamma_i \delta + \mu_i \qquad (5.4)$$

公式（5.4）為 Tobit 模型，$Business\_staff_i$ 代表小微企業雇傭的員工數量，其他變量的設定與上文一致，在此不再詳述。

### 5.5.2 變量設定

表 5.9 匯報了本書變量的描述性統計。家庭創業代表家庭是否從事工商業生產經營。中國家庭金融調查詢問了家庭是否從事個體經營或者企業經營，如果為「是」則該變量取值為 1。從樣本描述可以看出，中國家庭創業的比例並不高，僅有 13% 的家庭從事創業。創業動機分為主動創業（機會型創業）和被動創業（生存型創業）。中國家庭金融調查詢問了創業家庭的創業動機，若創業家庭的動機為「自己當老闆」「（錢）賺得更多」或者「更自由」，則創業動機為機會型創業。從描述性統計中可以看出，大多數家庭都是機會型創業。本書還加入了家庭特徵變量、戶主特徵變量、家庭社會網絡變量以及宏觀變量。家庭特徵變量包括家庭規模和家中勞動力人數；戶主是一個家庭的主要決策人，因此我們用戶主特徵代表家庭的人口統計特徵。中國家庭金融調查詳細詢問了戶主一系列人口統計特徵。從描述結果可以看出，中國家庭戶主多為男性，受教育年限平均為 9.3 年。在中國，房屋是家庭的重要資產，中國家庭有房的比例接近七成。大多數中國家庭是風險厭惡型，風險偏好型家庭占比僅一成。宏觀環境也是家庭創業的重要影響因素，由於城市地區和農村地區的創業條件不同，我們加入了城市農村的虛擬變量以及地區商業氛圍作為影響因素，商業地區氛圍的指標構建參見李宏彬（2009）的研究。在數據的處理上，我們去除了樣本中存在缺失信息的樣本，並刪除了受訪者沒有積極參與小微企業日常經營管理的企業，最後剩餘有效樣本量為 25,955 戶。

表 5.9 變量描述性統計

| 變量 | 樣本量 | 均值 | 標準差 | 最小值 | 最大值 |
| --- | --- | --- | --- | --- | --- |
| 家庭創業 | 25,955 | 0.13 | 0.33 | 0 | 1 |
| 機會型創業 | 3,279 | 0.70 | 0.46 | 0 | 1 |

表5.9(續)

| 變量 | 樣本量 | 均值 | 標準差 | 最小值 | 最大值 |
|---|---|---|---|---|---|
| 金融素養 | 25,955 | -0.01 | 1.07 | -1.37 | 2.09 |
| 家庭規模 | 25,955 | 3.47 | 1.63 | 1 | 19 |
| 家庭勞動力人數 | 25,955 | 2.48 | 1.39 | 0 | 11 |
| 戶主年齡 | 25,955 | 52.51 | 14.43 | 1 | 98 |
| 戶主為男性 | 25,955 | 0.76 | 0.43 | 0 | 1 |
| 戶主已婚 | 25,955 | 0.85 | 0.35 | 0 | 1 |
| 受教育年限 | 25,955 | 9.31 | 4.23 | 0 | 22 |
| 黨員 | 25,955 | 0.17 | 0.37 | 0 | 1 |
| 有房 | 25,955 | 0.68 | 0.47 | 0 | 1 |
| 風險偏好型 | 25,955 | 0.11 | 0.31 | 0 | 1 |
| 風險中立型 | 25,955 | 0.21 | 0.40 | 0 | 1 |
| 風險厭惡型 | 25,955 | 0.68 | 0.47 | 0 | 1 |
| 工商業外家庭淨資產/元 | 25,955 | 623,671 | 988,812 | 801 | 6,095,250 |
| 戶主及配偶兄弟姐妹數量 | 25,955 | 5.30 | 3.43 | 0 | 21 |
| 轉移性支出/元 | 25,955 | 2,467.87 | 6,905.51 | 0 | 500,000 |
| 父母是黨員 | 25,955 | 0.18 | 0.38 | 0 | 1 |
| 父母為單位負責人 | 25,955 | 0.05 | 0.21 | 0 | 1 |
| 地區創業氛圍 | 25,955 | 0.24 | 0.13 | 0.07 | 0.67 |
| 農村 | 25,955 | 0.34 | 0.47 | 0 | 1 |

### 5.5.3 實證結果

#### 5.5.3.1 金融素養、創業決策與創業動機

表5.10匯報了公式(5.1)和公式(5.2)的迴歸結果，即金融素養、創業決策與創業動機。其中，第(1)列和第(2)列匯報了金融素養對家庭創業決策也就是公式(5.1)的迴歸結果，第(3)列、第(4)列和第(5)列匯報了金融素養對家庭創業動機也就是公式(5.2)的迴歸結果。從第(1)列來看，金融素養對於家庭創業決策在1%的顯著性水準上顯著為正，說明金融素養越高的家庭越容易從事創業活動。從其他影響來看，家庭規模和家庭勞動力人數等家

庭特徵變量均與家庭的創業決策顯著相關。具體來看，家庭規模和勞動力人數對於家庭創業的影響顯著為正。張龍耀和張海寧（2013）指出，規模越大的家庭擁有更廣泛的社會網絡、更好的創業資源。戶主年齡、受教育水準、是否為黨員、風險態度和婚姻狀況等戶主特徵變量也與家庭的創業決策顯著相關。家庭創業的概率隨著年齡的增加先是增加（年齡系數為正），然後在達到一定值後便會下降（戶主年齡的平方為負）。受教育水準和戶主是黨員與創業的概率負相關，這可能是受過高等教育或者是黨員的人更能找到一份穩定的工作所致。創業是一項充滿了風險的活動，因此風險厭惡型家庭更加不可能創業。已婚家庭創業的可能性越高，這也可能由已婚家庭更發達的社會網絡導致。外部的宏觀變量也是影響家庭創業的重要因素。從宏觀變量來看，農村地區的創業水準要顯著低於城市地區，主要由於城鄉在創業方面的差異所致。商業氛圍對於家庭創業也有顯著的影響，商業氛圍越濃厚，創業的可能性越大。

表 5.10　金融素養、創業決策與創業動機

| 變量 | (1) Probit | (2) Ivprobit | (3) Probit | (4) Ivprobit | (5) Heckman-Probit |
|---|---|---|---|---|---|
| 金融素養 | 0.011*** (0.002) | 0.023* (0.013) | 0.030*** (0.008) | 0.101** (0.042) | 0.035*** (0.008) |
| 家庭規模 | 0.004 (0.004) | 0.004 (0.004) | -0.015 (0.015) | -0.013 (0.015) | -0.011 (0.014) |
| 家庭勞動力人數 | 0.011*** (0.004) | 0.012*** (0.004) | 0.007 (0.015) | 0.006 (0.015) | 0.013 (0.014) |
| 家庭小孩個數 | 0.013*** (0.005) | 0.013*** (0.005) | 0.018 (0.018) | 0.018 (0.018) | 0.023 (0.017) |
| 家庭身體不好成員個數 | -0.021*** (0.003) | -0.020*** (0.003) | -0.066*** (0.011) | -0.061*** (0.012) | -0.072*** (0.011) |
| 年齡 | 0.002* (0.001) | 0.002* (0.001) | -0.011** (0.005) | -0.010** (0.005) | -0.008* (0.005) |
| 戶主年齡的平方 | -0.001*** (0.000) | -0.001*** (0.000) | 0.001 (0.000) | 0.001 (0.000) | 0.000 (0.000) |
| 戶主為男性 | 0.021*** (0.005) | 0.023*** (0.005) | 0.033* (0.019) | 0.043** (0.019) | 0.041** (0.017) |
| 黨員 | -0.049*** (0.007) | -0.051*** (0.007) | -0.019 (0.024) | -0.024 (0.025) | -0.047** (0.023) |
| 風險偏好型 | 0.007 (0.007) | 0.005 (0.007) | -0.012 (0.025) | -0.017 (0.025) | -0.005 (0.023) |

表5.10(續)

| 變量 | (1)<br>Probit | (2)<br>Ivprobit | (3)<br>Probit | (4)<br>Ivprobit | (5)<br>Heckman-Probit |
|---|---|---|---|---|---|
| 風險厭惡型 | -0.027***<br>(0.005) | -0.023***<br>(0.007) | -0.047***<br>(0.018) | -0.022<br>(0.023) | -0.057***<br>(0.017) |
| 戶主已婚 | -0.001<br>(0.007) | -0.002<br>(0.007) | 0.052*<br>(0.028) | 0.050*<br>(0.029) | 0.046*<br>(0.026) |
| 有房 | -0.023***<br>(0.006) | -0.023***<br>(0.006) | -0.021<br>(0.019) | -0.024<br>(0.019) | -0.034*<br>(0.018) |
| Ln（工商業外家庭淨資產） | 0.027***<br>(0.002) | 0.027***<br>(0.002) | 0.040***<br>(0.006) | 0.040***<br>(0.006) | 0.052***<br>(0.005) |
| 戶主及配偶兄弟姐妹數量 | 0.002***<br>(0.001) | 0.002***<br>(0.001) | -0.002<br>(0.003) | -0.003<br>(0.003) | -0.001<br>(0.002) |
| Ln（家庭轉移性支出） | 0.004***<br>(0.001) | 0.004***<br>(0.001) | 0.003<br>(0.002) | 0.003<br>(0.002) | 0.005**<br>(0.002) |
| 父母是黨員 | 0.003<br>(0.005) | 0.003<br>(0.005) | 0.014<br>(0.021) | 0.018<br>(0.021) | 0.013<br>(0.019) |
| 父母為單位負責人 | -0.031***<br>(0.010) | -0.030***<br>(0.010) | -0.062<br>(0.039) | -0.067*<br>(0.039) | -0.074**<br>(0.036) |
| 農村地區 | -0.069***<br>(0.007) | -0.069***<br>(0.007) | 0.035*<br>(0.021) | 0.039*<br>(0.022) | -0.013<br>(0.021) |
| 地區創業氛圍 | 0.208*<br>(0.119) | 0.231*<br>(0.121) | 0.158<br>(0.264) | 0.294<br>(0.272) | 0.239<br>(0.259) |
| N | 25,955 | 25,774 | 3,279 | 3,247 | 25,955 |
| 一階段 F 值 |  | 285.14 |  | 286.57 |  |
| 工具變量 t 值 |  | 24.17 |  | 34.55 |  |
| DWH 檢驗 |  | 1.24<br>(0.27) |  | 3.59<br>(0.06) |  |
| 刪失樣本/未刪失樣本 |  |  |  |  | 22,676/3,279 |
| 沃爾德檢驗 |  |  |  |  | 17.84 (0.00) |

註：*、**、*** 分別表示在10%、5%、1%水準顯著，括號內為聚類異方差穩健的標準差（clustered & robust standard error），表中報告的是估計的邊際效應（marginal effects）。所有迴歸中都控制了地區固定效應。兩階段估計結果樣本量的降低由工具變量存在缺失值所致。

然而，公式（5.1）可由於以下原因而存在內生性問題：一方面，金融素養與創業之間存在方向因果關係，家庭通過參與創業可以不斷瞭解金融知識，

提升自己的金融素養；另一方面，我們在計算金融素養的時候可能存在一定的偏差。工具變量法可以有效解決迴歸中的內生性問題。因此，我們選取居住在同一小區同一收入階層其他家庭的平均金融素養水準作為受訪者金融素養的工具變量（Bucher-Koenen and Lusardi，2011）。首先，其他家庭的金融素養對於家庭的創業決策是嚴格外生的；其次，家庭與周圍人接觸可以通過向其學習來提高自身的金融素養水準，自身金融素養水準與周圍人的金融素養水準相關。

表5.10第（2）列為兩階段工具變量估計結果。由第一階段的 $F$ 統計量和 $t$ 統計量可知，本書選用的工具變量是合適的。DWH（Durbin-Wu-Hausman）檢驗表明我們選取的工具變量不是弱工具變量，並且金融素養確實存在內生性。在第（2）列的系數中，我們可以看出金融素養在1%的顯著性水準上顯著為正，這進一步說明了金融素養對於家庭創業決策的顯著影響。

金融素養的提升可以提高家庭的創業能力，幫助家庭篩選市場中的投資機會。因此，高等金融素養組的創業者可能更多為機會型投資者。本書接下來分析金融素養對於創業動機的影響。第（3）列描述了基本的迴歸結果，可以發現，金融素養對於機會型創業的影響在1%的水準上顯著為正。由於內生性的問題，我們依然選取了上文所說的工具變量進行了迴歸，結果與基本迴歸不存在差異。由此可見，金融素養會促進家庭主動創業。

由於我們僅考慮了創業家庭的創業動機，因此本書使用 Heckman 兩步法糾正公式（5.2）中的樣本自選擇問題。表5.10第（5）列顯示，公式（5.2）確實存在樣本自選擇問題，在糾正以後，金融素養的邊際效應依舊為正，說明金融素養會顯著提高家庭主動創業的可能性。

綜上所述，金融素養會增加家庭創業尤其是家庭主動創業的可能性。

5.5.3.2　金融素養對創業影響的異質性分析

根據上文的分析，金融素養對家庭的創業決策有顯著的正向影響。然而金融素養對於不同家庭可能存在不同的影響，因此分析金融素養對家庭創業的異質性影響非常有必要。本書從城鄉差異、受教育水準的不同和創業家庭年齡等角度分析金融素養對家庭創業的異質性影響（見表5.11）。

表 5.11　金融素養對家庭創業的異質性影響

| 變量 | (1) | (2) | (3) | (4) | (5) |
|---|---|---|---|---|---|
|  | 家庭從事自營工商業 ||||| 
|  | 全樣本 | 全樣本 | 城市樣本 | 農村樣本 | 全樣本 |
|  | Probit | Probit | Probit | Probit | Probit |
| 金融素養 | -0.001<br>(0.005) | -0.009<br>(0.006) | 0.010***<br>(0.003) | 0.016***<br>(0.003) | 0.004<br>(0.003) |
| 金融素養×年齡≤30週歲 | 0.008<br>(0.008) | | | | |
| 金融素養×年齡 31～40 週歲 | 0.005<br>(0.006) | | | | |
| 金融素養×年齡 41～50 週歲 | 0.014**<br>(0.006) | | | | |
| 金融素養×年齡 51～60 週歲 | 0.015***<br>(0.006) | | | | |
| 年齡≤30 週歲 | 0.115***<br>(0.011) | | | | |
| 年齡 31～40 週歲 | 0.119***<br>(0.009) | | | | |
| 年齡 41～50 週歲 | 0.099***<br>(0.007) | | | | |
| 年齡 51～60 週歲 | 0.052***<br>(0.007) | | | | |
| 金融素養×沒上過小學 | | 0.023*<br>(0.013) | | | |
| 金融素養×初等教育（小學和初中） | | 0.026***<br>(0.007) | | | |
| 金融素養×中等教育（高中和中專） | | 0.013*<br>(0.007) | | | |
| 沒上過學 | | 0.091***<br>(0.015) | | | |
| 初等教育（小學和初中） | | 0.083***<br>(0.009) | | | |
| 高等教育（大專、本科、碩士和博士） | | 0.078***<br>(0.009) | | | |

表5.11(續)

| 變量 | (1) | (2) | (3) | (4) | (5) |
|---|---|---|---|---|---|
| | 家庭從事自營工商業 ||||| 
| | 全樣本 | 全樣本 | 城市樣本 | 農村樣本 | 全樣本 |
| | Probit | Probit | Probit | Probit | Probit |
| 金融素養×農村地區 | | | | | 0.027*** (0.005) |
| 農村地區 | −0.065*** (0.007) | −0.067*** (0.007) | | | −0.065*** (0.007) |
| 受教育年限 | −0.004*** (0.001) | | −0.009*** (0.001) | 0.003*** (0.001) | −0.006*** (0.001) |
| 黨員 | −0.053*** (0.007) | −0.038*** (0.007) | −0.073*** (0.009) | 0.014* (0.008) | −0.049*** (0.007) |
| 家庭勞動力人數 | 0.021*** (0.004) | 0.011*** (0.004) | 0.021*** (0.005) | −0.004 (0.005) | 0.012*** (0.004) |
| 戶主及配偶兄弟姐妹數量 | 0.003*** (0.001) | 0.001** (0.001) | 0.002** (0.001) | 0.001 (0.001) | 0.002*** (0.001) |
| Ln(家庭轉移性支出) | 0.004*** (0.001) | 0.004*** (0.001) | 0.004*** (0.001) | 0.003*** (0.001) | 0.004*** (0.001) |
| N | 25,955 | 25,955 | 17,198 | 8,757 | 25,955 |

註：*、**、*** 分別表示在10%、5%、1%水準顯著，括號內為聚類異方差穩健的標準差（clustered & robust standard error），表中報告的是估計的邊際效應（marginal effects）。所有迴歸中都控制了地區固定效應。表中僅報告了金融素養、交叉項及受教育年限、黨員、社會網絡，其餘控制變量與上文相同。因這些控制變量對創業活動的影響在城市、農村間一致，在此沒有贅述。

我們首先分析金融素養對不同年齡段家庭的創業影響。表5.11第（1）列匯報了迴歸結果。為了分析異質性，我們在原公式（5.1）的基礎上引入了不同年齡段虛擬變量與金融素養的交叉項。從迴歸結果來看，金融素養對於40~60週歲家庭創業的影響最大。迴歸結果也驗證了原模型中創業行為與戶主年齡之間的「U形」關係。這說明，年齡處於40~60週歲的家庭由於金融素養偏低則家庭創業的可能性較低，但是該年齡段的家庭已經累積了一定的財富。金融素養的提高可以使得該年齡段家庭更好地瞭解市場的投資機會和創業程序，因此金融素養對該年齡段家庭的創業決策影響最大。

金融素養對於不同受教育水準的家庭創業決策可能也存在不同的影響。表5.11第（2）列匯報了金融素養對不同受教育水準家庭的異質性影響。本書

將受教育水準分為四組：沒上過小學、小學和初中、高中和中專以及大專、本科、碩士和博士。我們在迴歸中以高等教育群體（大專、本科、碩士和博士）作為參照組。從迴歸結果來看，金融素養的邊際影響依舊為正，具體來看，金融素養對受過初等教育（小學和初中）家庭創業決策的影響最大。

在創業環境、創業資金和政策扶持等方面，城市地區家庭和農村地區家庭存在很大的差異。因此，城市地區家庭和農村地區家庭的創業決策存在差異。表5.11第（3）列、第（4）列和第（5）列分析了金融素養對於城鄉差異的異質性影響。第（3）列以城市家庭為樣本分析了金融素養對於家庭創業決策的影響。第（4）列以農村家庭為樣本分析了金融素養對於家庭創業決策的影響。結果顯示，無論是在城市地區還是農村地區，金融素養對於家庭創業的影響顯著為正，均在1%水準顯著。有趣的是，分析勞動力數量的係數，我們可以發現，勞動力數量在第（3）列迴歸中顯著，但是在第（4）列迴歸中不顯著。張龍耀和張海寧（2013）指出，城市家庭勞動力人數對家庭創業決策有著顯著的影響，但是該影響在農村不顯著。農村家庭戶主是黨員的家庭創業的可能性最大，這是因為農村地區的黨員的社會網絡較好，相對於戶主不是黨員的農村家庭，戶主是黨員的農村家庭的創業資源更加豐富。但是在城市地區，戶主是黨員的家庭創業的可能性更低。表5.11第（5）列加入了農村地區與金融素養的交互項，我們重點關注交互項的係數。結果顯示，交互項的係數在1%的顯著性水準上顯著為正，這說明金融素養對於農村家庭創業的幫助更大。

進一步分析表5.11第（3）列和第（4）列的係數，我們發現受教育水準對於城市家庭和農村家庭創業決策的影響也是不同的。在城市，受教育水準越高，家庭在就業時擁有更多的選擇，因此家庭創業的可能性越小。然而在農村，受教育水準嚴重限制了家庭的發展，因此提高受教育水準可以促進農村家庭創業，這對於農村地區具有重要的意義。該迴歸結果進一步說明不能簡單地用受教育水準作為衡量金融素養的代理變量。

#### 5.5.3.3 金融素養與小微企業經營表現

根據本章前面所述，金融素養可以顯著提高家庭創業的可能性。那麼在成功創業之後，金融素養對於工商業的經營表現有什麼樣的影響呢？本部分以中國家庭金融調查數據中的創業家庭為分析樣本，進一步分析金融素養對小微企業經營表現的影響。收入、盈利能力和企業規模是常用的衡量小微企業經營表現的變量。我們首先分析小微企業的盈利能力。中國家庭金融調查詳細詢問了小微企業的盈利情況，小微企業的盈利情況分別為「盈利」「持平」和「虧損」。我們首先定義小微企業是否盈利的虛擬變量，若小微企業盈利則取值為1，

若小微企業持平或者虧損則取值為0。金融素養與小微企業發展檢驗情況見表5.12。

表5.12 金融素養與小微企業發展檢驗情況

| 變量 | （1） | （2） | （3） | （4） | （5） | （6） |
|---|---|---|---|---|---|---|
| | 企業盈利 | | Ln(企業雇傭員工數) | | Ln（企業收入） | |
| | Probit | Ivprobit | Tobit | IV-Tobit | OLS | IV-OLS |
| 金融素養 | 0.015* (0.008) | 0.052* (0.028) | 0.233*** (0.049) | 0.099* (0.051) | 0.183*** (0.029) | 0.398*** (0.103) |
| $N$ | 3,279 | 3,247 | 3,260 | 3,228 | 3,064 | 3,033 |
| 一階段$F$值 | | 345.39 | | 345.39 | | 345.39 |
| 工具變量$t$值 | | 52.26 | | 52.26 | | 52.26 |
| DWH檢驗 | | 1.94 (0.16) | | 0.41 (0.52) | | 4.91 (0.03) |

註：*、**、***分別表示在10%、5%、1%水準顯著，括號內為聚類異方差穩健的標準差（clustered & robust standard error），表中報告的是估計的邊際效應（marginal effects）。所有迴歸中都控制了地區固定效應。其餘控制變量與前文相同，不再贅述。

表5.12第（1）列和第（2）列報告了相應的基本迴歸與結果和虛擬變量的估計結果。結果均表明，金融素養與小微企業盈利的可能性正相關。然後，本書分析金融素養對企業規模（企業員工數量）的影響。為了避免數據的非正態性，我們對企業的員工進行了對數變換。由上文的描述性統計可知，大多數樣本中的小微企業雇傭員工人數為0。因此，本書使用Tobit模型分析金融素養對於企業規模的影響。從表5.12中的第（3）列和第（4）列的結果來看，金融素養對於小微企業規模存在顯著的正面影響，該結果在使用了工具變量以後依舊為正。表5.12中的第（5）列和第（6）列分析了金融素養對於企業營業收入的影響，結果和上面的結果類似，無論是基本迴歸模型還是使用了工具變量之後的模型，金融素養水準的提升對於小微企業的營業收入都存在顯著的正向影響。

綜上所述，該部分迴歸分析結果顯示，金融素養可以提高小微企業的盈利可能性，擴大小微企業的規模，增加小微企業的營業收入。因此，金融素養有利於提高家庭自營工商業的經營表現。這表明，金融素養水準的提高不僅能夠提高企業家的創業能力，還能夠提高企業家的經營管理能力。可見，金融素養有利於中國小微企業的存續。

## 5.6 本章小結

通過使用中國家庭金融調查的相關數據，本章分析了金融素養對家庭是否創業以及小微企業經營狀況的影響。本章的主要發現有：

（1）金融素養對於家庭創業有著顯著的正向影響，本章將家庭的創業動機區分為主動創業與被動創業，發現金融素養可以顯著促進家庭主動創業。

（2）隨著金融素養的提高，小微企業盈利的可能性也會增加。不僅如此，金融素養還能幫助小微企業擴大規模、提高小微企業的營業收入。

本章的實證研究在使用了工具變量以後依然得到了顯著的結果，這說明金融素養是家庭創業的重要決定因素。在接下來的異質性分析中，金融素養對於低收入家庭和農村家庭的影響更大。

本章的研究結論對於政府部門的政策制定具有重要啟示意義。首先，目前中國居民金融素養和其他國家相比水準偏低，相關部門應該積極利用各種渠道（如電視、手機、網絡、宣傳冊、培訓類課程等）普及金融知識，以此提高中國國民整體的金融素養水準。其次，金融素養的提升對於企業的經營有著顯著的正向影響。目前中國對於企業的支持大多數使用財政政策或者貨幣政策，我們的研究有利於有關部門把提高企業家能力作為新的扶持企業的側重點。最後，我們應該大力弘揚企業家精神，激發和保護企業家精神，這不僅對激發市場活力、推進供給側結構性改革具有十分關鍵的作用，對推動經濟轉型發展、促進經濟社會長遠發展也具有十分重要的意義。

# 6 金融素養與家庭消費

## 6.1 研究背景及現狀

從整個世界範圍來看，2008年國際金融危機以及2010年的歐債危機後，歐美等傳統發達國家市場發展乏力，需求萎縮。而從中國自身的經濟社會發展情況來看，經過過去幾十年的經濟高速發展，人們的可支配收入以及消費能力顯著提高；同時伴隨老齡化加劇，勞動力將由過剩轉為短缺，此外勞動力成本逐漸上升，過去依靠廉價勞動力占領國際市場、依靠出口拉動經濟的發展方式將難以持續。我們應該看到，中國有世界上最大的市場，有著巨大的自我發展能力。然而過去由於投資和出口主導經濟發展，中國的消費一直被壓抑，消費率對比世界其他主要經濟體一直偏低。推動經濟由出口導向型向消費主導型轉變，一方面有助於提高國民生活水準；另一方面有助於中國建立更加穩定和可持續的經濟發展新常態。所以，關於如何促進消費的研究，其重要性不言而喻。世界主要國家消費率（2013年）見表6.1。

表6.1 世界主要國家消費率（2013年）[①]　　　　　單位:%

| 消費率 | 中國 | 印度 | 巴西 | 美國 | 德國 | 英國 | 日本 | 韓國 | 烏干達 | 羅馬尼亞 | 盧旺達 |
|---|---|---|---|---|---|---|---|---|---|---|---|
| 居民消費率 | 36.0 | 59.4 | 61.6 | 68.6 | 55.4 | 65.0 | 61.1 | 50.9 | 74.1 | 62.0 | 74.4 |
| 最終消費率 | 49.6 | 70.7 | 80.6 | 83.6 | 74.6 | 85.1 | 81.7 | 65.9 | 82.1 | 76.2 | 88.5 |

中國家庭金融調查詳細詢問了中國家庭的消費情況，這有利於本書對家庭消費的變化進行細緻的分析。根據國家統計局制定的《家庭消費支出分類（2013）》標準，本章將家庭總消費劃分為以下幾類：食品消費、衣著消費、

---

[①] 宋全雲, 等. 金融知識視角下中國居民消費問題研究 [J]. 經濟評論, 2019（1）: 133-147.

居住消費、日常消費、交通通信消費、教育文娛消費和其他消費。家庭消費分類明細如表6.2所示。

表6.2　家庭消費分類明細

| 名稱 | 明細 |
| --- | --- |
| 食品消費 | 家庭的伙食費，包括在外就餐的費用 |
| 衣著消費 | 家庭所有成員購買衣物的花費 |
| 居住消費 | 房租、水費、電費、燃料費、物業管理費以及住房的裝修、維修或擴建花費等 |
| 日常消費 | 家庭購買日常用品和享受保姆、小時工等家政服務的花費 |
| 交通通信消費 | 家庭在本地的交通花費、電話和網絡等通信花費以及購買交通工具的花費 |
| 教育文娛消費 | 家庭的教育、培訓支出 |
| 其他消費 | 奢侈品消費以及上面沒有涉及的其他消費 |

如上文所述，消費對於當今中國的經濟可持續發展以及人民生活水準的持續提升影響極其重大。但中國一直面臨消費需求低迷和儲蓄率不斷上升的局面（中國人民銀行研究局課題組，1999；任若恩　等，2006）。Modigliani 和 Cao（2004）的研究顯示，1953—1978 年中國居民儲蓄率約為 5%，而在 1978—2000 年卻高達 22.5%，儲蓄率上漲了三倍多。這影響了中國經濟由投資向消費轉型的進程，從而會對中國經濟的長期可持續發展造成影響。針對這一問題，眾多學者從不同角度給出了多種解釋。

第一種解釋是以生命週期理論為基礎的家庭人口特徵。Modigliani 和 Cao（2004）的研究認為，中國家庭的高儲蓄率現象主要由人口結構引起，即生命處於不同的階段，其家庭的消費決策也不同。而當前中國人口結構呈現出年輕人口占比較高的特徵，從而使得整體的儲蓄率較高。隨著中國人口結構的改變，未來這一現象可能會發生變化。Kuijs（2005）、董麗霞和趙文哲（2011）發現，家庭少兒撫養比和老年扶養比的增加會降低家庭的消費水準。

第二種解釋是流動性約束。消費的持久收入理論認為家庭的消費在整個生命週期中是平滑的，但現實並非如此。已有文獻對此的解釋認為家庭會受到流動性約束，使得當前消費對短期收入的變動變得敏感（Campbell et al., 1989; Zeldes, 1989）。萬廣華（2001）認為改革開放後中國家庭中受到消費型流動性約束的比例在上升，這是導致內需不足和消費增長緩慢的主要原因。陳東和劉金東（2013）的研究發現，相較於生產型信貸，消費型信貸更有利於提升

農戶的消費水準。

第三種解釋是預防性儲蓄理論。研究認為，教育、住房等的改革和醫療、養老等保障體系的不完善加劇了居民未來收入及支出的不確定性，從而增強了預防性儲蓄動機，降低了居民消費水準（齊天翔，2000；楊汝岱和陳斌開，2009；Chamon et al., 2010）。臧文斌等（2012）、白重恩等（2012）研究發現，社會保險的參與能有效促進家庭消費水準的提高。此外，研究認為，未來收入的不確定性會對當前的消費和儲蓄行為產生影響。Zhang 和 Wang（2004）、龍志和和周浩明（2000）的研究表明，未來的收入風險越大，家庭當期的「預防性儲蓄」動機越強，從而當期的消費水準越低。劉建國（1999）探討了中國農村居民的消費行為，發現收入的不確定性是造成中國農戶消費水準低下的主要原因，並且這一負向影響要高於城市家庭（臧旭恒和裴春霞，2007），農戶具有更強的預防性儲蓄動機。

第四種解釋是收入分配的視角。Schmidt-Hebbel 和 Serven（2000）認為，收入不均是消費不足的重要原因。Aziz 和 Cui（2007）、李揚和殷劍峰（2007）指出，儲蓄率的增加主要由政府和企業的收入占比過高引起。朱國林等（2002）、楊汝岱和朱詩娥（2007）、金燁等（2011）的研究表明，收入差距的擴大是造成消費降低的主要原因，縮小收入差距有利於提升家庭消費。

第五種解釋涉及文化傳統、消費習慣等方面。Carroll 和 Weil（1994）的研究認為，收入的增長和過往習慣是造成家庭儲蓄上升的重要原因。程令國和張曄（2011）研究發現，經歷過早年饑荒的家庭傾向於更多儲蓄。葉海雲（2000）從文化和習慣的角度探討了短視行為對消費的影響。

第六種解釋為 Wei 和 Zhang（2011）提出的競爭性儲蓄假說。Wei 和 Zhang（2011）認為，中國的男女比例失調，婚姻市場競爭劇烈，中國父母為了使自己的兒子在未來的婚姻市場中更具有競爭優勢，表現出了很強的儲蓄動機，從而使得中國的儲蓄率較高。

此外，投資回報率的變化（Wen，2009）、住房價格的上升（陳斌開和楊汝岱，2013）也是影響家庭消費和儲蓄的因素。

然而目前的研究鮮有注意到，對於家庭而言，制定合理的消費—儲蓄決策是很困難的，不僅需要居民花費大量的時間和精力來搜尋相關信息，也需要人們具備一定的分析能力來整理和分析相關信息。這表明，制定合理的消費—儲蓄決策需要金融素養的支持，金融素養的缺乏可能是引起中國家庭儲蓄過高、消費不足的一個重要因素。因此，本章將基於中國家庭金融調查數據探討金融素養對家庭消費和儲蓄的影響，並進一步分析可能的影響機制。

## 6.2 中國家庭消費概況

### 6.2.1 家庭平均消費水準

#### 6.2.1.1 城鄉家庭的平均消費水準（見表6.3）

由表6.3可以看出，全國家庭的消費總額整體呈上漲趨勢。不考慮價格因素，2011—2017年，全國家庭的平均消費水準從47,988元提高到了57,757元，增長了20%；農村家庭的平均消費水準從31,245元提高到了39,111元，增長了25%；城市家庭的平均消費水準從61,372元提高到了69,000元，增長了12%；城鄉差異在逐漸減小，但差異仍然非常明顯。

表6.3　城鄉家庭的平均消費水準　　　　　　　　　單位：元

| 年份 | 全國 | 農村 | 城市 |
| --- | --- | --- | --- |
| 2011 | 47,988 | 31,245 | 61,372 |
| 2013 | 45,853 | 32,360 | 56,482 |
| 2015 | 58,289 | 37,045 | 71,120 |
| 2017 | 57,757 | 39,111 | 69,000 |

#### 6.2.1.2 各區域家庭的平均消費水準（見表6.4）

由表6.4可以看出，東部家庭的平均消費水準一直顯著高於中部家庭和西部家庭，但差距在逐年減小。2011—2017年，東部家庭的平均消費水準從60,221元增加到66,208元，增加了約10%；而中部家庭的平均消費水準從32,314元增加到50,416元，西部家庭的平均消費水準從33,007元增加到53,373元，均增加了近70%。

表6.4　各區域家庭的平均消費水準　　　　　　　　　單位：元

| 年份 | 全國 | 東部 | 中部 | 西部 |
| --- | --- | --- | --- | --- |
| 2011 | 47,988 | 60,221 | 32,314 | 33,007 |
| 2013 | 45,853 | 53,871 | 37,032 | 42,472 |
| 2015 | 58,289 | 67,651 | 56,578 | 54,183 |
| 2017 | 57,757 | 66,208 | 50,416 | 53,373 |

### 6.2.1.3 不同收入水準家庭的平均消費水準（見表6.5）

由表6.5可以看出，家庭收入越高，其消費水準越高。總體來說，各個收入組家庭的平均消費水準都呈逐年上升的趨勢。最後一行展示的是2011—2017年各收入組家庭的消費增長率情況，可以發現收入較低的2個組家庭的增長更大，而2個較高收入組家庭的增長較小。高收入組家庭的平均消費水準比中高收入組家庭的平均消費水準多40%，而其他收入組家庭的平均消費水準都只比臨近的更低的收入組家庭的平均消費水準多30%左右。

表6.5 不同收入水準家庭的平均消費水準

| 年份 | 低收入/元 | 中低收入/元 | 中等收入/元 | 中高收入/元 | 高收入/元 |
| --- | --- | --- | --- | --- | --- |
| 2011 | 24,570 | 27,090 | 38,721 | 50,764 | 92,903 |
| 2013 | 30,298 | 31,999 | 39,141 | 49,746 | 89,561 |
| 2015 | 38,391 | 36,361 | 47,609 | 60,632 | 109,655 |
| 2017 | 32,974 | 39,173 | 48,965 | 63,568 | 108,781 |
| 增長率/% | 34.2 | 44.6 | 26.4 | 25.2 | 17.1 |

### 6.2.2 平均消費傾向

居民消費傾向是居民人均支出與人均可支配收入的比值，是一種衡量居民消費水準的常用指標。通常來說，居民消費傾向會隨著居民人均收入的增加而降低。中國消費傾向也經歷了由高變低的過程。1988年居民消費傾向在90%左右，到2011年降到70%左右。由表6.6可以看出，城市居民的平均消費傾向仍在持續下降，而農村居民的平均消費傾向在2011—2017年卻有所上升。這可能是因為新農合、新農保等社會保障體系的建立，使得農村居民更敢於消費。城鄉居民平均消費傾向見表6.6。

表6.6 城鄉居民平均消費傾向　　　　　　　　　　　　單位:%

| 年份 | 全國 | 城市 | 農村 |
| --- | --- | --- | --- |
| 2011 | - | 69.5 | 74.8 |
| 2013 | 72.2 | 69.9 | 79.4 |
| 2015 | 71.5 | 68.6 | 80.7 |
| 2017 | 70.5 | 67.2 | 81.6 |

數據來源：①國家統計局.中國統計年鑒2010［M］.北京：中國統計出版社，2010.
②國家統計局.中國統計年鑒2018［M］.北京：中國統計出版社，2018.

### 6.2.3 家庭消費結構

#### 6.2.3.1 城鄉家庭消費結構

隨著經濟的發展，中國家庭的消費結構一直呈現快速升級的趨勢。食品消費占比從改革開放初期的60%左右降低到20世紀90年代的50%左右，並進一步下降到2017年的40%左右。而日常、居住、醫療、交通通信、教育文娛等發展型消費的占比不斷上升，由20世紀90年代的30%左右上升到2017年的超過50%，這無疑有利於中國家庭人力資本的提升和累積。表6.7通過對比城鄉家庭的消費結構發現，農村家庭發展型消費的占比相對於城市家庭仍然偏低，其中，城市家庭的醫療消費占比為8.4%，低於農村家庭的12.4%；農村家庭的教育文娛消費占比為9.5%，低於城市家庭的12.9%；農村家庭的居住消費占比為6.3%，低於城市家庭的8.4%；農村家庭的日常消費占比為13.4%，低於城市家庭的15.5%。2017年城鄉家庭消費支出構成見表6.7。

表6.7 2017年城鄉家庭消費支出構成

|  |  | 食品 | 衣著 | 日常 | 居住 | 醫療 | 交通通信 | 教育文娛 | 其他 |
|---|---|---|---|---|---|---|---|---|---|
| 全國 | 消費額/元 | 22,046 | 2,654 | 8,653 | 4,556 | 5,430 | 6,738 | 6,941 | 727 |
|  | 占比/% | 38.2 | 4.6 | 15.0 | 7.9 | 9.4 | 11.7 | 12.0 | 1.3 |
| 農村 | 消費額/元 | 16,285 | 1,519 | 5,237 | 2,480 | 4,845 | 4,807 | 3,704 | 232 |
|  | 占比/% | 41.6 | 3.9 | 13.4 | 6.3 | 12.4 | 12.3 | 9.5 | 0.6 |
| 城市 | 消費額/元 | 25,539 | 3,338 | 10,712 | 5,807 | 5,783 | 7,902 | 8,892 | 1,027 |
|  | 占比/% | 37.0 | 4.8 | 15.5 | 8.4 | 8.4 | 11.5 | 12.9 | 1.5 |

#### 6.2.3.2 區域家庭消費結構

表6.8展示的是2017年東部、中部、西部家庭的消費結構。由表可知，對於任何區域的家庭來說，食品消費在總消費中都是占比最高的，接近40%。經濟水準越高的地區，食品消費、日常消費占比越低。中部地區和西部地區家庭的醫療占比更高，東部地區和西部地區的交通通信占比更高。2017年各區域家庭消費支出構成見表6.8。

表 6.8  2017 年各區域家庭消費支出構成

| 地區 | 消費項目 | 食品 | 衣著 | 日常 | 居住 | 醫療 | 交通通信 | 教育文娛 | 其他 |
|---|---|---|---|---|---|---|---|---|---|
| 東部 | 消費額/元 | 25,012 | 2,992 | 10,433 | 5,428 | 5,333 | 7,662 | 8,276 | 1,072 |
| | 占比/% | 37.8 | 4.5 | 15.8 | 8.2 | 8.1 | 11.6 | 12.5 | 1.6 |
| 中部 | 消費額/元 | 19,109 | 2,403 | 7,421 | 3,784 | 5,722 | 5,432 | 6,061 | 484 |
| | 占比/% | 37.9 | 4.8 | 14.7 | 7.5 | 11.3 | 10.8 | 12.0 | 1.0 |
| 西部 | 消費額/元 | 21,005 | 2,424 | 7,335 | 4,121 | 5,221 | 6,888 | 5,898 | 482 |
| | 占比/% | 39.4 | 4.5 | 13.7 | 7.7 | 9.8 | 12.9 | 11.1 | 0.9 |

#### 6.2.3.3  不同收入水準家庭消費結構

2017 年不同收入水準家庭消費支出構成見表 6.9。由表可知，總體來說，收入越高，食品消費占總消費的比例越低。但我們發現，最低收入家庭食品消費占比還是有可能提高的，他們的食品消費占比低很可能是因為預算的約束。衣著方面的消費占比隨收入增加而增加，醫療支出占比隨收入增加而降低，交通通信支出和教育文娛支出占比隨收入增加而增加。

表 6.9  2017 年不同收入水準家庭消費支出構成

| | | 食品 | 衣著 | 日常 | 居住 | 醫療 | 交通通信 | 教育文娛 | 其他 |
|---|---|---|---|---|---|---|---|---|---|
| 低收入 | 消費額/元 | 13,401 | 1,058 | 4,826 | 1,945 | 4,819 | 3,501 | 3,083 | 341 |
| | 占比/% | 40.6 | 3.2 | 14.6 | 5.9 | 14.6 | 10.6 | 9.3 | 1.0 |
| 中低收入 | 消費額/元 | 16,632 | 1,407 | 5,493 | 2,534 | 5,108 | 3,857 | 3,950 | 193 |
| | 占比/% | 42.5 | 3.6 | 14.0 | 6.5 | 13.0 | 9.8 | 10.1 | 0.5 |
| 中等收入 | 消費額/元 | 21,183 | 2,080 | 6,677 | 3,580 | 5,725 | 5,143 | 5,227 | 309 |
| | 占比/% | 42.4 | 4.2 | 13.4 | 7.2 | 11.5 | 10.3 | 10.5 | 0.6 |
| 中高收入 | 消費額/元 | 25,661 | 3,072 | 9,366 | 5,074 | 5,129 | 7,310 | 7,351 | 607 |
| | 占比/% | 40.4 | 4.8 | 14.7 | 8.0 | 8.1 | 11.5 | 11.6 | 1.0 |
| 高收入 | 消費額/元 | 35,081 | 6,027 | 17,874 | 10,261 | 6,456 | 14,715 | 16,031 | 2,335 |
| | 占比/% | 32.2 | 5.5 | 16.4 | 9.4 | 5.9 | 13.5 | 14.7 | 2.1 |

隨著中國經濟不斷發展，家庭消費水準不斷提升，消費傾向有所下降，消費結構不斷升級。在當今的國際國內經濟形勢下，如何提高家庭的消費水準，讓中國盡快轉型為消費主導型經濟，是一個非常值得研究的問題。

## 6.3 金融素養對家庭消費的影響實證分析

### 6.3.1 描述性統計分析

由表 6.10 可以看出，金融素養越高的家庭，總消費額越大，同時消費率越低。2015 年金融素養較高、中等、較低水準家庭的總消費分別為 65,615.2 元、51,349.5 元、37,456.3 元；2017 年金融素養較高、中等、較低水準家庭的總消費分別為 66,756.0 元、51,004.2 元、36,267.2 元。2015 年金融素養較高、中等、較低水準家庭的消費率分別為 82.9%、93.0%、98.9%；2017 年金融素養較高、中等、較低水準家庭的消費率分別為 77.9%、87.4%、96.3%。可見，2017 年相比 2015 年整體消費率有所下降。金融素養與家庭消費情況見表 6.10。

表 6.10　金融素養與家庭消費情況

| 金融素養水準 | 2015 年 總消費/元 | 2015 年 消費率/% | 2017 年 總消費/元 | 2017 年 消費率/% |
| --- | --- | --- | --- | --- |
| 較低 | 37,456.3 | 98.9 | 36,267.2 | 96.3 |
| 中等 | 51,349.5 | 93.0 | 51,004.2 | 87.4 |
| 較高 | 65,615.2 | 82.9 | 66,756.0 | 77.9 |

### 6.3.2 計量分析

#### 6.3.2.1 變量設定

本章關注的主要被解釋變量為家庭總消費和家庭消費率。家庭消費率是指家庭總消費占家庭總收入的百分比。在迴歸分析中，我們使用了家庭總消費和家庭消費率的對數形式，以避免這兩個變量的非正態性給估計帶來的影響。

本書中，我們為了進一步驗證結論還定義了家庭儲蓄率。我們定義了兩種家庭儲蓄率，分別用儲蓄率 1 和儲蓄率 2 來表示。儲蓄率 1 的計算公式如下（此處我們將家庭總收入看成家庭可支配收入）：

(disposible_ income-consumption) /disposible_ income

disposible_ income 是指家庭的可支配收入，此處我們實際使用的是總收入值，consumption 是指家庭的總消費。家庭總收入包括家庭的工資性收入、財產性收入、轉移性收入、經營性收入等。家庭總消費由食品、衣著、日常生活

用品及家政服務、交通通信、住房維修裝修擴建等方面的支出以及耐用品、教育、文化娛樂、醫療保健等消費構成。其中，經常性消費支出包括食品消費、衣著、家政服務、日常生活用品及生活服務花費、交通通信支出、文化娛樂消費等。家庭的非經常性支出包括旅遊消費、耐用品消費、醫療保健支出、留學支出、奢侈品消費及住房的維修擴建等。此處我們使用了2015年和2017年兩年的數據構造數據集，並在迴歸分析中控制年份，以減輕單一年份數據可能存在的特定擾動。同時為了檢驗此研究結果的穩健性，我們還計算了另外一個儲蓄率2，儲蓄率2的計算公式如下（此處我們只把經常性消費算入消費）：

儲蓄率=（disposible _ income-recuring _ consump）/disposible _ income

recuring _ consump是指經常性消費。為了避免極端值影響後續的迴歸分析，在樣本處理上，我們剔除了戶主年齡上下1%的樣本，剔除了總消費上下1%的樣本，剔除了消費率上1%的樣本，剔除了家庭總收入小於0的樣本。

表6.11中，2015年家庭的平均消費支出為50,880元，平均消費率為0.919。家庭的儲蓄率1的均值為0.081，家庭的儲蓄率2的均值為0.257。家庭戶主平均受教育年限為9.523，家庭平均人口規模為3.774，說明中國仍是3口和4口的核心家庭居多。2017年家庭的平均消費支出為51,166元，平均消費率為0.873。家庭的儲蓄率1的均值為0.127，家庭的儲蓄率2的均值為0.320。家庭戶主平均受教育年限為9.215，家庭平均人口規模為3.325。變量描述性統計見表6.11。

**表6.11 變量描述性統計**

| 變量（2015） | 樣本量 | 均值 | 標準差 | 最小值 | 最大值 |
| --- | --- | --- | --- | --- | --- |
| 消費率 | 16,394 | 0.919 | 0.648 | 0.002 | 3 |
| 總消費 | 16,394 | 50,880 | 45,203 | 2,244 | 342,760 |
| 儲蓄率1 | 16,394 | 0.081 | 0.648 | −2 | 0.998 |
| 儲蓄率2 | 15,903 | 0.257 | 0.549 | −1.994 | 0.998 |
| 金融素養 | 16,170 | 0.060 | 1.065 | −1.375 | 2.087 |
| 戶主年齡 | 16,172 | 53.73 | 13.24 | 25 | 85 |
| 戶主為男性 | 16,394 | 0.766 | 0.423 | 0 | 1 |
| 戶主已婚 | 16,351 | 0.880 | 0.325 | 0 | 1 |
| 受教育年限 | 16,386 | 9.523 | 4.024 | 0 | 22 |
| 從事自營工商業 | 16,394 | 0.160 | 0.366 | 0 | 1 |
| 風險偏好型 | 16,394 | 0.087 | 0.282 | 0 | 1 |

表6.11(續)

| 變量 | | | | |  |
|---|---|---|---|---|---|
| 風險厭惡型 | 16,394 | 0.666 | 0.472 | 0 | 1 |
| 家庭規模 | 16,394 | 3.774 | 1.707 | 1 | 19 |
| 少兒占比 | 16,394 | 0.116 | 0.154 | 0 | 0.714 |
| 老人占比 | 16,394 | 0.256 | 0.344 | 0 | 1 |
| 身體不好成員比重 | 16,394 | 0.114 | 0.216 | 0 | 1 |
| Ln（金融資產） | 15,992 | 9.975 | 2.133 | 1.099 | 17.10 |
| Ln（住房資產） | 14,291 | 12.40 | 1.763 | 0 | 20.72 |
| Ln（總收入） | 16,394 | 10.85 | 1.015 | 6.802 | 16.72 |
| 農村地區 | 16,394 | 0.307 | 0.461 | 0 | 1 |
| 變量（2017） | 樣本量 | 均值 | 標準差 | 最小值 | 最大值 |
| 消費率 | 22,345 | 0.873 | 0.617 | 0.005 | 3.000 |
| 總消費 | 22,345 | 51,166 | 42,011 | 4,044 | 297,004 |
| 儲蓄率1 | 22,345 | 0.127 | 0.617 | −2.000 | 0.995 |
| 儲蓄率2 | 21,675 | 0.320 | 0.519 | −2.000 | 0.998 |
| 金融素養 | 22,345 | 0.000 | 1.032 | −1.334 | 1.718 |
| 戶主年齡 | 21,934 | 55.98 | 12.84 | 28 | 86 |
| 戶主為男性 | 22,345 | 0.815 | 0.389 | 0 | 1 |
| 戶主已婚 | 22,340 | 0.874 | 0.332 | 0 | 1 |
| 受教育年限 | 22,336 | 9.215 | 3.965 | 0 | 22 |
| 從事自營工商業 | 22,345 | 0.137 | 0.344 | 0 | 1 |
| 風險偏好型 | 22,345 | 0.000 | 0.007 | 0 | 1 |
| 風險厭惡型 | 22,345 | 0.000 | 0.018 | 0 | 1 |
| 家庭規模 | 22,345 | 3.325 | 1.569 | 1 | 15 |
| 少兒占比 | 22,345 | 0.106 | 0.156 | 0 | 0.800 |
| 老人占比 | 22,345 | 0.325 | 0.393 | 0 | 1 |
| 身體不好成員比重 | 22,345 | 0.163 | 0.276 | 0 | 1 |
| Ln（金融資產） | 21,943 | 9.884 | 2.229 | 0 | 17.23 |
| Ln（住房資產） | 20,451 | 12.33 | 2.026 | 0 | 18.42 |
| Ln（總收入） | 22,345 | 10.93 | 1.023 | 7.215 | 17.22 |
| 農村地區 | 22,345 | 0.340 | 0.474 | 0 | 1 |

　　在分析中我們需要注意的是，人們的金融素養也會受到其日常消費投資決

策的影響，參與各類投資、消費決策多的人，金融素養可能更高，因此極有可能存在內生性問題。首先，現在的金融素養是在之前的消費投資決策過程中提高了的，用現在的金融素養水準去評估金融素養對於各種因變量的影響，很有可能高估金融素養的影響。其次，我們的金融素養水準是基於3個相關問題構建的，受訪者在回答問題時，可能猜到正確答案，從而導致受訪者的金融素養水準被高估，那麼在後期分析金融素養水準的影響時，其影響就會被低估。總結以上兩點，由於金融素養的內生性以及調查中的測量誤差，都會導致估計有偏差。因此，我們引入一個工具變量來檢驗估計。我們選取同一社區除自身以外其他家庭的金融素養的均值作為受訪戶家庭的金融素養水準的工具變量。首先，家庭與居住在周邊的家庭接觸的環境很相似，同時家庭間常常通過社交活動互相學習金融知識，家庭的金融素養水準和同社區其他家庭很有可能高度相關，而某個家庭的消費儲蓄決策又是相對獨立的，也就是和同社區其他家庭的金融知識水準沒有關聯。因此，這個工具變量滿足與自變量相關但同時又獨立於因變量的要求。

#### 6.3.2.2 模型設定

由於被解釋變量都是連續變量，所以此部分我們選取普通最小二乘法（Ordinary Least Square）以及工具變量最小二乘法（IV-OLS）作為計量估計方法。

迴歸的基本模型如下：

$$Y = \alpha + \beta_1 \text{Financial\_literacy} + \gamma X + \varepsilon \tag{6.1}$$

其中，$Y$ 表示各種因變量，如上文所述「儲蓄率1」「儲蓄率2」「家庭總消費的對數值」「家庭總支出的對數值」和「家庭消費率的對數值」。Financial_literacy是本書的主要因變量，即家庭的金融素養水準。$\beta_1$ 表示相應的迴歸係數，代表金融素養對各因變量的邊際效應。$X$ 表示其他家庭特徵，主要包括戶主的受教育水準、年齡及其平方項、是否為男性、是否已婚；家庭是否從事自營工商業、風險態度（風險偏好型和風險厭惡型，迴歸中省略了風險中立型）、家庭規模（家庭總人口數）、家庭中老人所占比重、小孩所占比重及身體不好成員所占比重、家庭金融資產的對數值、家庭住房資產的對數值和家庭可支配收入的對數值。同時，迴歸分析中我們還控制了省份以控制不隨行政區域變化的因素；控制了年份，以排除特定年份發生的特殊事件對於因變量的影響。$\varepsilon$ 為誤差項。

#### 6.3.2.3 結果分析

第一，金融素養對家庭消費的影響。

本部分首先估計金融素養對於家庭消費的影響。我們從金融素養對消費率和家庭總消費的影響來分析。我們運用了普通最小二乘法（OLS）和工具變量普通最小二乘法（IV-OLS）對影響進行估計。表 6.12 報告了估計的結果，第（1）列和第（2）列分別報告了金融素養對消費率的影響以及用金融素養的工具變量法估計的其對消費率的影響。此處金融素養的工具變量選取的是「本小區，除自身以外其餘家庭的平均金融素養水準得分」，第（3）列和第（4）列是以家庭總消費的對數為因變量，分別用普通最小二乘法以及工具變量法考察金融素養對家庭消費的影響。金融素養與家庭總消費情況見表 6.12。

表 6.12　金融素養與家庭總消費情況

| 變量 | （1）Ln（消費率）OLS | （2）Ln（消費率）IV-OLS | （3）Ln（總消費）OLS | （4）Ln（總消費）IV-OLS |
|---|---|---|---|---|
| 金融素養 | 0.011*** (0.001) | 0.096*** (0.008) | 0.033*** (0.003) | 0.308*** (0.022) |
| 受教育水準 | 0.004*** (0.000) | -0.001** (0.001) | 0.011*** (0.001) | -0.005*** (0.002) |
| 年齡 | -0.004*** (0.001) | -0.003*** (0.001) | -0.011*** (0.002) | -0.008*** (0.002) |
| 戶主年齡的平方 | 0.000*** (0.000) | 0.000*** (0.000) | 0.000*** (0.000) | 0.000*** (0.000) |
| 戶主為男性 | -0.011*** (0.003) | -0.008** (0.004) | -0.036*** (0.008) | -0.028*** (0.009) |
| 戶主已婚 | 0.027*** (0.004) | 0.025*** (0.005) | 0.089*** (0.011) | 0.083*** (0.012) |
| 自營工商業 | 0.039*** (0.004) | 0.036*** (0.004) | 0.068*** (0.009) | 0.061*** (0.010) |
| 風險偏好型 | 0.033*** (0.008) | 0.030*** (0.008) | 0.068*** (0.019) | 0.058*** (0.020) |
| 風險厭惡型 | -0.004 (0.005) | 0.000 (0.005) | -0.006 (0.011) | 0.008 (0.012) |
| 家庭規模 | 0.019*** (0.001) | 0.023*** (0.001) | 0.051*** (0.003) | 0.062*** (0.003) |
| 少兒比重 | 0.065*** (0.010) | 0.052*** (0.011) | 0.180*** (0.025) | 0.138*** (0.028) |

表6.12(續)

| 變量 | (1) Ln（消費率） OLS | (2) Ln（消費率） IV-OLS | (3) Ln（總消費） OLS | (4) Ln（總消費） IV-OLS |
| --- | --- | --- | --- | --- |
| 老人比重 | -0.014*** (0.005) | -0.012** (0.006) | -0.020 (0.013) | -0.016 (0.014) |
| 身體不好成員比重 | 0.064*** (0.005) | 0.073*** (0.006) | 0.125*** (0.014) | 0.156*** (0.015) |
| Ln（金融資產） | 0.015*** (0.001) | 0.008*** (0.001) | 0.043*** (0.002) | 0.023*** (0.003) |
| Ln（房產） | 0.022*** (0.001) | 0.019*** (0.001) | 0.055*** (0.002) | 0.047*** (0.002) |
| Ln（家庭總收入） | -0.253*** (0.002) | -0.259*** (0.002) | 0.337*** (0.004) | 0.317*** (0.005) |
| 農村 | -0.047*** (0.003) | -0.029*** (0.004) | -0.175*** (0.008) | -0.119*** (0.010) |
| $N$ | 33,392 | 33,392 | 33,392 | 33,392 |
| $R^2$ | 0.444 | 0.381 | 0.531 | 0.441 |
| adj. $R^2$ | 0.443 | 0.380 | 0.530 | 0.440 |
| 一階段 $F$ 值 |  | 1,046.60 |  | 1,046.60 |
| DWH 檢驗 |  | 118.39 |  | 202.15 |
| DWH 檢驗 $P$ 值 |  | 0.000 |  | 0.000 |

　　表6.12第4列結果中，金融素養對消費的邊際影響都顯著為正，這說明以現有數據來看，在控制其他影響因素的情況下，現階段家庭的金融素養越高，越有可能有更高的消費率以及更高的家庭總消費水準。考慮到反向因果以及遺漏變量等可能導致內生性問題，我們在第（2）列和第（4）列以同一小區其他家庭金融素養水準均值作為工具變量，進行兩階段最小二乘法估計。在兩列底部都報告了使用 Durbin-Wu-Hausman 檢驗內生性的結果（簡稱 DWH 檢驗），以及檢驗工具變量是否為弱工具變量的第一階段 $F$ 值。從第（2）列底部報告的結果來看，第一階段估計的 $F$ 值為1,046.60，遠大於判斷是否為弱工具變量的經驗值10，表明工具變量是合適的，不是弱工具變量。從 DWH 檢驗的 $P$ 值等於0可以看出，檢驗顯示，我們可以在1%的水準上拒絕金融素養是外生的這個原假設。

所以我們在第（2）列和第（4）列運用兩階段最小二乘法對原模型進行估計是非常有必要的。第（4）列底部報告的檢驗結果與第（2）列類似。

在其他控制變量中，家庭總收入對於消費率的影響顯著為負，但是對於家庭總消費的影響顯著為正，這與以往的文獻描述比較一致。家庭房產和金融資產的影響顯著為正，可能的解釋是，隨著家庭資產的增加，家庭的預防性儲蓄會相應減少，從而提高家庭的消費率和整體消費水準。家庭兒童的比例增加會促進家庭總消費水準，同時提高家庭的消費率。家庭的老人比例增加會降低家庭的消費率，但是對於家庭的總消費水準無顯著影響。人口越多的家庭以及家庭中身體不好的成員的比重越多的家庭，消費率和消費總額都更高。隨著年齡的增長，消費率趨於下降。相對於男性戶主家庭和女性戶主家庭，已婚戶主家庭、有自營工商業的家庭、偏好風險型家庭的消費率和消費總額都更高。農村家庭的消費率和消費總額都更低。受教育水準對於消費的影響不確定並且系數都非常小，OLS 和 IV-OLS 的結果正好相反。

第二，金融素養對家庭儲蓄的影響。

以上我們使用消費率和家庭消費總額的對數作為因變量，下面我們使用儲蓄率作為因變量。考察金融素養對於家庭儲蓄率的影響，這同樣可以檢驗上面結果是否穩健。表 6.13 展示了之前介紹的兩種儲蓄率（儲蓄率 1 和儲蓄率 2）分別作為被解釋變量得到的迴歸結果，由於控制變量與表 6.12 相同，為了便於匯報主要結果，此處省略。國外相關的研究分析得出的結果基本是金融知識會促進家庭儲蓄，如 Mahdzan 和 Tabiani（2013）發現金融素養越高，人們擁有儲蓄的可能性越大。Jappelli 和 Padula（2011）基於理論和實證的分析結果都表明金融素養會提高國民的儲蓄水準。然而，在本書中，我們發現用兩種方法得出的估計結果都顯示金融素養越高，家庭的儲蓄率越低，與以往國外的研究結果相反。這可能是由於金融知識越高的家庭，其收入越穩定，從而預防性儲蓄的動機較弱，更願意將收入投入旅遊、教育等人力資本的獲得以及其他消費中，也因此儲蓄率更低。金融素養對儲蓄率的影響見表 6.13。

表 6.13　金融素養對儲蓄率的影響

| 變量 | (1) 儲蓄率 1 OLS | (2) 儲蓄率 1 IV-OLS | (3) 儲蓄率 2 OLS | (4) 儲蓄率 2 IV-OLS |
|---|---|---|---|---|
| 金融素養 | -0.020*** (0.003) | -0.170*** (0.018) | -0.016*** (0.002) | -0.154*** (0.015) |

表6.13(續)

| 變量 | (1) 儲蓄率1 OLS | (2) 儲蓄率1 IV-OLS | (3) 儲蓄率2 OLS | (4) 儲蓄率2 IV-OLS |
|---|---|---|---|---|
| $N$ | 33,392 | 33,392 | 33,392 | 33,392 |
| $R^2$ | 0.413 | 0.368 | 0.434 | 0.381 |
| adj. $R^2$ | 0.412 | 0.367 | 0.434 | 0.380 |
| 一階段 $F$ 值 |  | 1,046.60 |  | 1,038.31 |
| DWH 檢驗 |  | 79.91 |  | 99.07 |
| DWH 檢驗 $P$ 值 |  | 0.000 |  | 0.000 |

註：其他控制變量選取與表6.12相同，為節省篇幅不再報告，本章節下文同。

第三，不同金融素養家庭的異質性影響。

以上我們分析了金融素養對於家庭消費和儲蓄的平均影響，而實際上金融知識對不同類型家庭的影響存在很大的差異。下面將按照戶主的年齡、受教育水準、家庭居住在城市或農村來分組，分別考察金融素養對不同家庭消費的影響。首先我們把家庭按照戶主年齡是40週歲以上或40週歲及以下分為兩組。表6.14的第（1）列匯報了金融素養對不同年齡組家庭的不同影響。由於家庭是按照戶主年齡分組，所以此處的控制變量中我們在上面迴歸分析的基礎上去掉了年齡及年齡的平方項；同時添加了戶主年齡為40週歲及以下組這個虛擬變量以及戶主年齡組與金融素養的交叉項，當戶主年齡小於40週歲時，「年齡40週歲及以下」這個變量的取值為1。從第（1）列的估計結果可以看出，金融素養仍顯著為正，虛擬變量年齡40週歲及以下的係數顯著為正，說明戶主年齡為40週歲及以下的家庭組的家庭總消費更高。而金融素養與年齡40週歲及以下的交叉項的係數顯著為負，這說明金融素養對戶主年齡為40週歲以上家庭的總消費促進作用更大。這可能由於年齡在40週歲及以下的群體金融素養相對都比較高，而年齡在40週歲以上的群體金融素養差異比較大。第（2）列的估計結果展示了金融素養在不同戶主受教育水準的家庭中的不同影響。我們把戶主受教育水準分為初中及以下，高中（含中專）和高中及以上3個組，每組生成一個虛擬變量，以高中及以上群體為參照組，每個受教育水準組都和金融素養生成交叉項。在這一列中金融素養的係數為正但不顯著；從兩個加入迴歸的教育組的係數為負且顯著可以看出，相對於高中及以上受教育水準戶主的家庭，戶主受教育水準越低，家庭的總消費越低；初中及以下受教育水準戶主與金融知識的交叉項係數為正且顯著，說明金融知識對於低受教育水準戶主家庭的消

費影響更大。可能的解釋仍然是，中高受教育水準戶主家庭金融素養也普遍較高，影響差異不大，但是在低受教育水準戶主家庭中金融素養差異較大，所以其影響也就更大並且更加顯著。第（3）列分析了金融素養對於農村地區家庭和城市地區家庭的影響差異，可以看出金融素養的係數仍然為正並且是顯著的，農村地區家庭和金融素養的交叉項為正但不顯著，說明金融素養對城鄉家庭的消費促進方面沒有顯著差異。綜上所述，可以看出金融素養能夠顯著促進家庭提高消費，但主要是促進年齡在40週歲以上戶主家庭以及低受教育水準家庭的消費。金融素養與家庭消費的異質性分析見表6.14。

表6.14　金融素養與家庭消費的異質性分析

| 變量 | （1） | （2） | （3） |
|---|---|---|---|
|  | \multicolumn{3}{c}{Ln（總消費）} |
| 金融素養 | 0.038*** (0.004) | 0.003 (0.010) | 0.030*** (0.004) |
| 金融素養×年齡40週歲及以下 | −0.020** (0.009) |  |  |
| 年齡40週歲及以下 | 0.059*** (0.011) |  |  |
| 金融素養×初中及以下 |  | 0.041*** (0.010) |  |
| 金融素養×高中（含中專） |  | 0.018 (0.012) |  |
| 初中及以下 |  | −0.101*** (0.013) |  |
| 高中 |  | −0.046*** (0.014) |  |
| 金融素養×農村 |  |  | 0.008 (0.007) |
| 農村 | −0.167*** (0.008) | −0.178*** (0.008) | −0.173*** (0.008) |
| $N$ | 33,872 | 33,395 | 33,392 |
| $R^2$ | 0.530 | 0.531 | 0.531 |
| adj. $R^2$ | 0.529 | 0.530 | 0.530 |

第四，金融素養對家庭消費結構的影響。

表6.15展示的是金融素養對於家庭各分項消費的影響。如表6.15所示，

此處因變量為家庭各類消費支出占總消費的比重，取值均在 [0，1]。我們運用了普通最小二乘法進行估計。為匯報簡明，這裡僅匯報了金融素養的迴歸係數和標準誤。迴歸分析結果表明，金融素養顯著降低了食品消費支出、居住消費和醫療消費占總消費的比重，但增加了衣著消費支出、交通通信支出和教育文娛消費占總消費的比重，對日常消費的影響為正，但不顯著。食品消費比重的下降可能是因為金融素養水準相對較高的家庭其收入相對的更高，從而食品消費占比減少。金融素養高的家庭更傾向於對人力資本進行投資（提高教育文娛占比）。

表 6.15　金融素養與家庭消費結構

| 變量 | （1）食品消費占比 | （2）衣著消費占比 | （3）居住消費占比 | （4）日常消費占比 | （5）交通通信消費占比 | （6）教育文娛消費占比 | （7）醫療消費占比 |
| --- | --- | --- | --- | --- | --- | --- | --- |
| 金融素養 | −0.004*** (0.001) | 0.001*** (0.000) | −0.001* (0.001) | 0.001 (0.000) | 0.002** (0.001) | 0.005*** (0.001) | −0.003*** (0.001) |
| $N$ | 33,392 | 32,261 | 33,392 | 33,392 | 33,392 | 33,392 | 33,386 |
| $R^2$ | 0.136 | 0.134 | 0.025 | 0.037 | 0.098 | 0.114 | 0.172 |

## 6.4　本章小結

本章使用中國家庭金融調查 2013 年及 2015 年的混合面板數據，運用 OLS 和 IV-OLS 分析了金融素養對於家庭消費的影響。

本章首先考察金融素養對於家庭總消費和家庭消費率的影響，發現金融素養會顯著提高家庭總消費和家庭的消費率。作為驗證，本章進一步考察了金融素養對於家庭的兩種儲蓄率（是否把非經常性支出作為消費）的影響。結果顯示，金融素養高的家庭的兩種儲蓄率都顯著更低。這說明，提高家庭的金融素養，也許能夠幫助中國降低長期過高的儲蓄率。其次，本章在考察了金融素養對於不同特徵家庭影響的差異後發現，金融素養主要是促進年齡在 40 週歲以上戶主家庭以及戶主受教育水準為初中及以下家庭的消費，這些家庭的金融素養的差異更大，因此造成的影響更大。最後，本章還考察了金融素養對各種消費占家庭總消費比重的影響，發現金融素養顯著降低食品消費的占比，同時增加教育文娛和交通通信等發展性消費的占比，這有助於中國人力資本的累積。整體來說，金融素養對家庭消費的促進有助於中國從投資型經濟向消費型經濟轉變。

# 7 金融素養與家庭保險獲得

## 7.1 研究背景及現狀

社會保障和商業保險都是家庭保障的重要來源，為參保家庭建立了一道安全網，有助於降低家庭所面臨的不確定性風險支出，增強參保家庭的風險承受能力。然而，當前中國社會保障體系還不夠完善，保障水準還較低，這就使得商業保險在抵禦家庭風險、維護社會穩定方面發揮著越來越重要的作用。此外，商業保險也是金融市場的重要融資工具，對於完善金融體系、促進經濟發展也具有重要的意義。近年來，中國保險業取得了快速的發展。2018年全年實現保費收入38,016.62億元，但同比增長僅3.92%，相比於2017年18.16%的同比增長速度，增速明顯放緩。而中國商業保險的市場參與率仍然較低，中國家庭金融調查報告數據顯示，2015年中國家庭中僅17.0%的家庭配置了商業保險。那麼，什麼因素會影響家庭的保險市場參與決策呢？對該問題的探討，對於如何促進家庭投保、提高家庭保障以及促進保險市場的發展具有重要的現實意義。

現有關於商業保險參與影響因素的研究主要集中在家庭人口學特徵、家庭經濟狀況以及社會互動等方面。在家庭人口學特徵方面，蒲成毅和潘小軍（2012）發現，受教育水準更高的居民更有可能購買商業保險。樊綱治和王宏揚（2015）對老年扶養比、少兒撫養比、勞動人數占比以及家庭規模等家庭人口結構方面的因素進行了分析，發現家庭的老年扶養比顯著抑制了家庭的保險市場參與，而少兒撫養比則顯著促進了家庭的人身保險購買；家庭勞動力人數占比對於家庭的人身保險市場參與同樣具有顯著的抑製作用；此外，家庭規模越小，家庭對人身保險的需求越高。在家庭經濟狀況方面，Outreville（1996）和Lin et al.（2007）的研究發現，家庭收入、家庭規模、金融發展等

均對保險需求具有正向效應。劉坤坤等（2012）基於因子和聚類分析法的研究發現，收入水準是制約居民購買保險的重要因素。王向楠等（2013）的研究表明，資產水準越高的家庭越可能購買人壽保險，但保險資產比重越低。在社會互動方面，Durlauf（2004）的研究表明，社會互動水準是居民保險購買決策的重要影響因素。Beiseitov et al.（2004）發現，社會互動程度越高的家庭，購買商業醫療保險的概率越低；而何興強和李濤（2009）卻發現，社會互動對居民的保險購買概率沒有顯著影響，但社會資本能顯著推動家庭的保險購買。

然而，和其他金融決策相似，保險的購買決策也是一個複雜的過程，保險品種的選擇、保險條款的分析等，都需要個人花費大量的精力和時間，而在分析信息的過程中，金融素養具有重要的作用。當前中國家庭的金融素養還比較匱乏，金融素養的缺失會抑制居民的投資參與、財富累積等（Lusardi et al., 2007；Hastings et al., 2008；Jappelli et al., 2013），而金融素養的增加能夠推動家庭的風險市場參與（尹志超等，2014）。那麼，對於商業保險這一特殊金融產品，金融素養又會對其產生怎樣的影響呢？這是本部分所關注的重要問題。

基於中國家庭金融調查 2015 年和 2017 年的混合截面數據，本書對中國商業保險市場的參與狀況進行了描述性統計，並從金融素養的角度探討了家庭的保險市場參與問題。本部分的研究表明，金融素養是影響家庭保險市場參與的重要因素之一，金融素養水準的提高能有效促進家庭對商業保險的購買，並且這一影響效應在不同財富水準、不同收入水準、不同受教育水準以及城鄉之間、地域之間、城市之間均具有顯著的差異。此外，金融素養對於家庭的保費支出也具有顯著的正向影響。本書的研究結論為家庭的保險市場參與提供了一個新的解釋視角，有助於為相關部門的政策制定提供參考依據。

## 7.2　中國家庭保險購買情況

### 7.2.1　家庭保險市場參與率分佈

如圖 7.1 所示，中國總體上商業保險市場參與率較低，2015 年中國家庭中購買商業保險的占比為 17.0%，2017 年為 15.2%。從城鄉差異來看，2015 年城市家庭中購買商業保險的占比為 21.8%，2017 年為 18.3%，高於農村家庭的 9.0% 和 9.9%。中國家庭商業保險購買占比見圖 7.1。

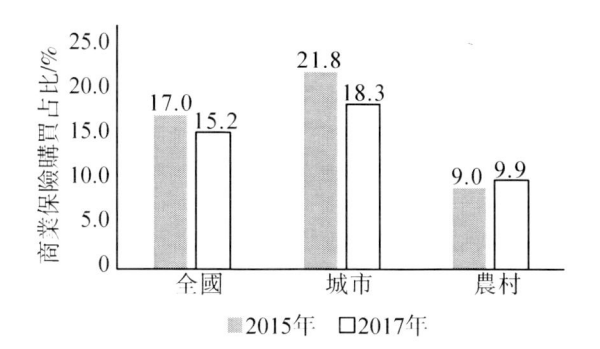

圖 7.1　中國家庭商業保險購買占比

　　圖 7.2 描述了中國家庭商業保險購買占比的區域差異。2015 年、2017 年東部地區家庭中購買商業保險的比例分別為 18.8%、16.0%，保險市場參與率最高；其次為中部地區，2015 年有 16.0% 的家庭購買了商業保險，2017 年為 14.3%；西部地區保險市場參與率最低，2015 年有購買商業保險的家庭占比 14.5%，2017 年占比 15.1%。

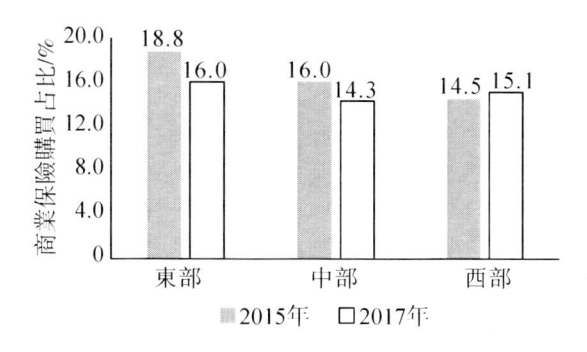

圖 7.2　中國家庭商業保險購買占比的區域差異

　　圖 7.3 描述了中國家庭商業保險購買占比的城市差異。從圖中數據可知，一線城市家庭的商業保險市場參與率較高，2015 年、2017 年分別為 25.9%、20.2%；之後是二線城市家庭，2015 年有 19.7% 的家庭購買了商業保險，2017 年為 17.4%；三、四線城市家庭的商業保險市場參與率較低，2015 年有 14.0% 的家庭配置了商業保險，2017 年為 13.5%。

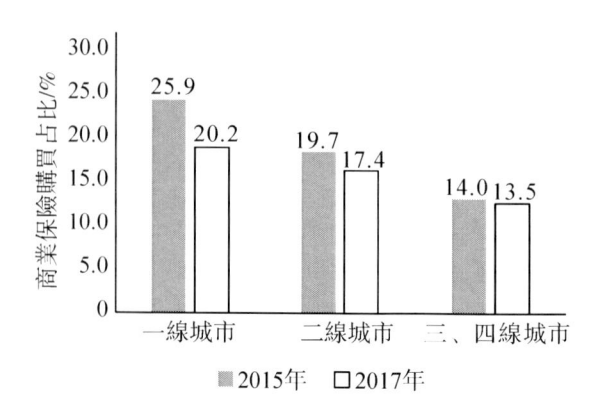

圖 7.3　中國家庭商業保險購買占比的城市差異

表 7.1 描述了中國家庭商業保險購買占比的家庭收入差異。如表 7.1 所示，收入越高的家庭中購買商業保險的占比越高。收入水準在 81%～100% 階層的家庭中，2015 年、2017 年購買商業保險的比例分別為 32.9%、28.6%；收入水準在 61%～80% 階層的家庭中，2015 年、2017 年購買商業保險的比例分別為 20.9%、19.2%；收入水準在 41%～60% 階層的家庭中，2015 年、2017 年購買商業保險的比例分別為 15.1%、14.2%；收入水準在 21%～40% 階層、0%～20% 階層的家庭中，2017 年購買商業保險的比例均不到 10%，分別為 9.1%、6.7%。

表 7.1　中國家庭商業保險購買占比的家庭收入差異　　單位:%

| 收入 | 2015 年 | 2017 年 |
| --- | --- | --- |
| 0～20（最低） | 6.4 | 6.7 |
| 21～40 | 10.2 | 9.1 |
| 41～60 | 15.1 | 14.2 |
| 61～80 | 20.9 | 19.2 |
| 81～100（最高） | 32.9 | 28.6 |

表 7.2 描述了中國家庭商業保險購買占比的家庭財富差異。如表 7.2 所示，同家庭收入趨勢一致，財富越高的家庭中配置商業保險的比重越高。在 81%～100% 的財富階層中，2015 年、2017 年參與商業保險市場的家庭占比分別為 33.5%、27.3%，遠高於在 0%～20% 階層家庭的 5.2%。

表 7.2　中國家庭商業保險購買占比的家庭財富差異　　單位:%

| 財富 | 2015 年 | 2017 年 |
|---|---|---|
| 0~20（最低） | 5.2 | 5.2 |
| 21~40 | 9.8 | 10.9 |
| 41~60 | 16.1 | 14.6 |
| 61~80 | 22.2 | 21.4 |
| 81~100（最高） | 33.5 | 27.3 |

　　圖 7.4 描述了中國家庭商業保險購買占比的戶主年齡差異。如圖 7.4 所示，戶主年齡和家庭商業保險購買呈「U 形」趨勢，戶主為中年人的家庭中購買商業保險的占比最高，這也符合中年人因「上有老、下有小」，面臨的不確定性風險較高，從而更可能購買保險來分散風險的現實情況。戶主年齡在 16~30 週歲的家庭中，2015 年、2017 年購買商業保險的占比分別為 18.6%、20.2%；戶主年齡在 31~40 週歲的家庭中購買商業保險的占比最高，2015 年、2017 年分別為 28.5%、25.6%；戶主年齡在 41~50 週歲的家庭中購買商業保險的占比也較高，2015 年、2017 年分別為 22.3%、19.8%；戶主年齡在 51~60 週歲的家庭中購買商業保險的占比較低，2015 年、2017 年分別為 15.4%、12.8%；戶主年齡在 61 週歲及以上家庭中購買商業保險的占比最低，2015 年、2017 年分別為 9.1%、7.7%。

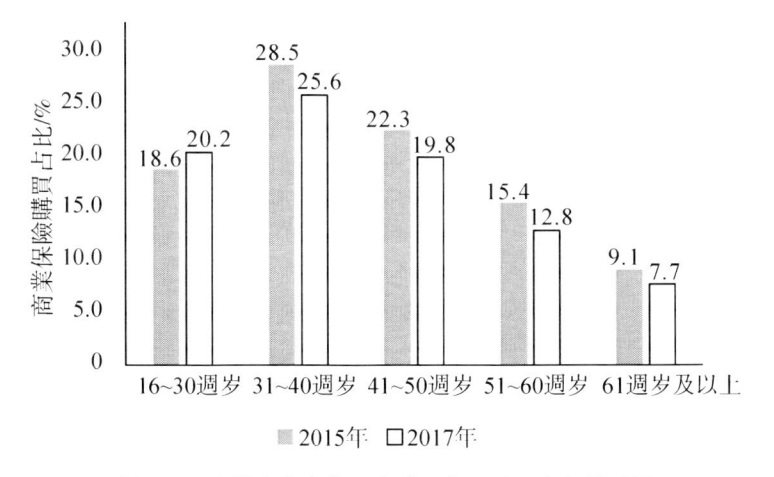

圖 7.4　中國家庭商業保險購買占比的戶主年齡差異

　　圖 7.5 描述了中國家庭商業保險購買占比的戶主文化水準差異。從圖中數

據可知，學歷越高的家庭中，其商業保險市場的參與率越高。戶主為研究生學歷的家庭中參與商業保險市場的比例最高，2015 年、2017 年分別為 33.8%、28.4%；戶主為大專/本科學歷的家庭中，2015 年、2017 年購買商業保險的占比分別為 31.5%、27.1%；戶主為高中/中專學歷的家庭中，2015 年、2017 年購買商業保險的占比分別為 22.1%、18.8%；戶主為初中學歷的家庭中，2015 年、2017 年購買商業保險的占比分別為 15.8%、14.7%；戶主為小學學歷以及未上過學的家庭中購買商業保險的占比較低，2015 年分別為 8.2%、4.9%，2017 年分別為 8.3%、5.3%。

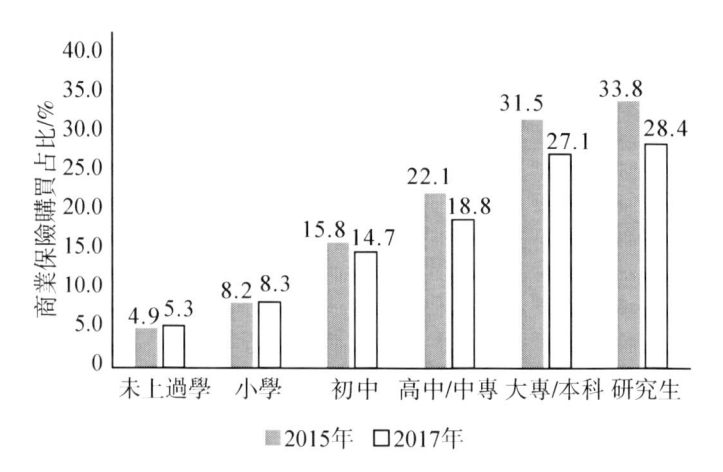

**圖 7.5　中國家庭商業保險購買占比的戶主文化水準差異**

表 7.3 描述了中國家庭商業保險購買占比的戶主風險態度差異。如表 7.3 所示，風險偏好型戶主家庭的商業保險市場參與率最高，2015 年有 27.8%的家庭購買了商業保險，2017 年有 21.6%的家庭購買了商業保險；之後是風險中立型戶主家庭，2015 年、2017 年商業保險市場參與率分別為 26.2%、22.7%；風險厭惡型戶主家庭的商業保險購買率最低，2015 年、2017 年分別有 14.8%、13.5%的家庭配置了商業保險。

表 7.3　中國家庭商業保險購買占比的戶主風險態度差異　　單位:%

| 風險態度 | 2015 年 | 2017 年 |
| --- | --- | --- |
| 風險偏好型 | 27.8 | 21.6 |
| 風險中立型 | 26.2 | 22.7 |
| 風險厭惡型 | 14.8 | 13.5 |

### 7.2.2 家庭保險購買支出分佈

圖7.6描述了中國家庭商業保險支出情況。可見,中國家庭年均商業保險支出金額還較低,2015年平均支出為407元,2017年略有上漲,為454元。分城鄉來看,城市家庭的保費支出遠高於農村家庭,2015年、2017年分別為592元、628元;農村家庭2015年保險支出僅97元,2017年為160元。

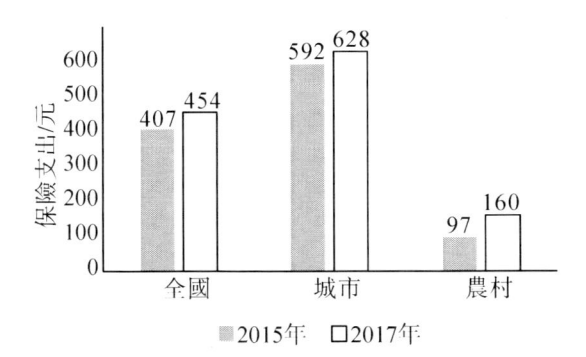

**圖7.6 中國家庭商業保險支出情況**

圖7.7描述了中國家庭商業保險支出情況的區域差異。從數據可知,東部地區家庭的商業保險支出高於中部地區和西部地區,2015年、2017年分別為549元、624元;中部地區家庭2015年、2017年保險支出分別為260元、327元;西部地區家庭2015年保險支出為306元,2017年保險支出為311元。

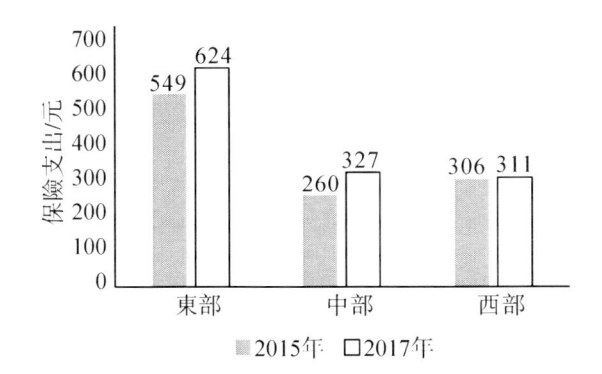

**圖7.7 中國家庭商業保險支出情況的區域差異**

圖7.8描述了中國家庭商業保險支出情況的城市差異。從圖中可知,一線城市家庭商業保險支出最高,2015年、2017年分別為1,472元、1,182元;之後是二線城市家庭,2015年為444元,2017年為510元;三、四線城市家庭

的保險支出較低，2015年、2017年分別為210元、327元。

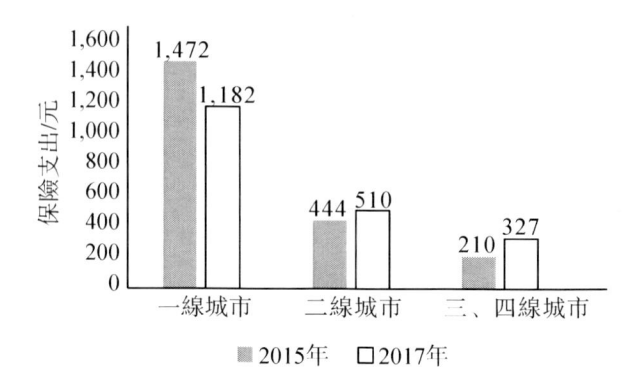

**圖7.8 中國家庭商業保險支出情況的城市差異**

表7.4描述了中國家庭商業保險支出情況的家庭收入差異。可見，收入越高的家庭，其商業保險支出金額也越高。收入水準處於81%~100%的家庭中，2015年的保險支出為1,201元，2017年的保險支出為1,216元，遠高於其他收入階層家庭；收入水準處於61%~80%的家庭中，2015年、2017年的保險支出分別為365元、550元；收入水準處於41%~60%的家庭中，2015年的保險支出為259元，2017年的保險支出為294元；收入水準處於21%~40%的家庭中，2015年的保險支出為128元、2017年的保險支出為156元；收入水準處於0%~20%的家庭中，2015年的保險支出為92元、2017年的保險支出為146元。

**表7.4 中國家庭商業保險支出情況的家庭收入差異**

| 家庭收入差異/% | 2015年的家庭商業保險支出情況/元 | 2017年的家庭商業保險支出情況/元 |
| --- | --- | --- |
| 0~20（最低） | 92 | 146 |
| 21~40 | 128 | 156 |
| 41~60 | 259 | 294 |
| 61~80 | 365 | 550 |
| 81~100（最高） | 1,201 | 1,216 |

表7.5描述了中國家庭商業保險支出情況的家庭財富差異。可見，財富水準越高的家庭其保險支出也越多。財富水準處於81%~100%的家庭中，2015年、2017年的保險支出分別為1,343元、1,365元；財富水準處於0%~20%的家庭

中，2015 年、2017 年的保險支出分別為 75 元、78 元。

表 7.5 中國家庭商業保險支出情況的家庭財富差異

| 家庭財富差異/% | 2015 年的家庭商業<br>保險支出情況/元 | 2017 年的家庭商業<br>保險支出情況/元 |
| --- | --- | --- |
| 0~20（最低） | 75 | 78 |
| 21~40 | 127 | 169 |
| 41~60 | 178 | 341 |
| 61~80 | 424 | 581 |
| 81~100（最高） | 1,343 | 1,365 |

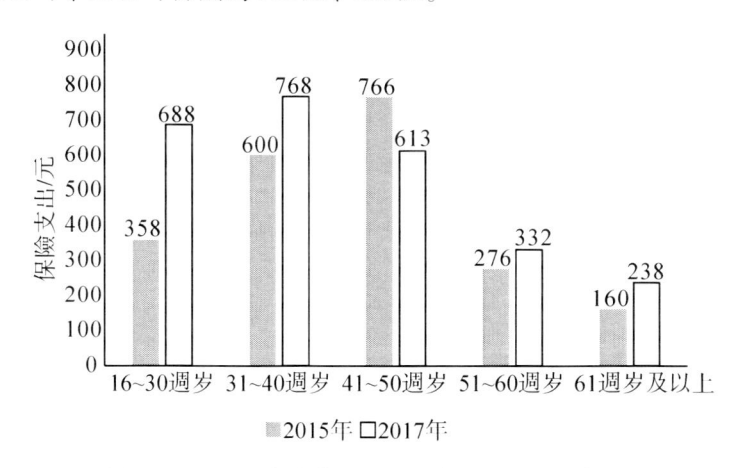

圖 7.9 描述了中國家庭商業保險支出情況的戶主年齡差異。從圖中數據可知，戶主為中年人的家庭保險支出最多。戶主年齡在 31~40 週歲、41~50 週歲的家庭保險支出較高，2015 年分別為 600 元、766 元，2017 年分別為 768 元、613 元；戶主年齡在 16~30 週歲的家庭中，2015 年、2017 年的保險支出分別為 358 元、688 元；戶主年齡在 51~60 週歲的家庭中，2015 年、2017 年的保險支出分別為 276 元、332 元；戶主年齡在 61 週歲及以上家庭中的保險支出最低，2015 年、2017 年分別為 160 元、238 元。

圖 7.9 中國家庭商業保險支出情況的戶主年齡差異

圖 7.10 描述了中國家庭商業保險支出情況的戶主文化水準差異。從圖中數據可知，戶主受教育水準越高的家庭其保險支出也越多。戶主為研究生（碩士、博士）學歷的家庭中，2015 年保險支出為 1,458 元，2017 年保險支出為 1,200 元；戶主為大專/本科學歷的家庭中，2015 年、2017 年的保險支出分

別為 890 元、1,104 元；戶主為高中/中專學歷的家庭中，2015 年、2017 年的保險支出分別為 720 元、575 元；戶主為初中學歷的家庭中，2015 年、2017 年的保險支出分別為 245 元、366 元；戶主為小學學歷的家庭中，2015 年、2017 年的保險支出分別為 139 元、177 元；戶主未上過學的家庭中，2015 年、2017 年的保險支出分別為 28 元、93 元。

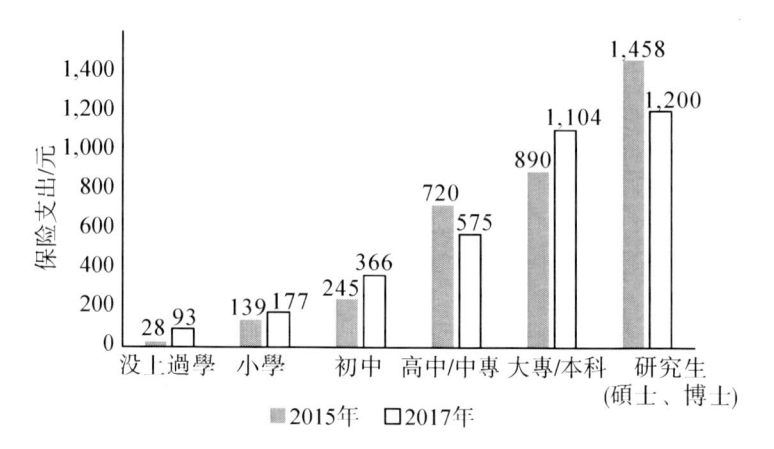

**圖 7.10　中國家庭商業保險支出情況的戶主文化水準差異**

表 7.6 描述了中國家庭商業保險支出情況的戶主風險態度差異。從表中數據可知，戶主為風險偏好型的家庭保險支出水準最高，2015 年、2017 年分別為 1,333 元、829 元；之後是風險中立型戶主家庭，2015 年、2017 年的保險支出分別為 670 元、825 元；戶主為風險厭惡型的家庭保險支出水準最低，2015 年、2017 年分別為 251 元、335 元。

**表 7.6　中國家庭商業保險支出情況的戶主風險態度差異**

單元：元

| 風險態度 | 2015 年 | 2017 年 |
| --- | --- | --- |
| 風險偏好型 | 1,333 | 829 |
| 風險中立型 | 670 | 825 |
| 風險厭惡型 | 251 | 335 |

## 7.3 金融素養對家庭保險獲得的影響實證分析

### 7.3.1 描述性統計分析

圖 7.11 描述了中國家庭商業保險購買情況的家庭金融素養水準差異。從圖中數據可以看出，金融素養水準越高的家庭，其商業保險市場參與率也越高。2015 年，較低金融素養水準的家庭中，購買商業保險的占比僅 8.8%，2017 年為 7.2%；中等金融素養水準的家庭中，2015 年有 15.4% 的家庭購買了商業保險，2017 年為 14.2%；而較高金融素養水準的家庭中，2015 年有 28.3% 的家庭購買了商業保險，2017 年為 24.7%。

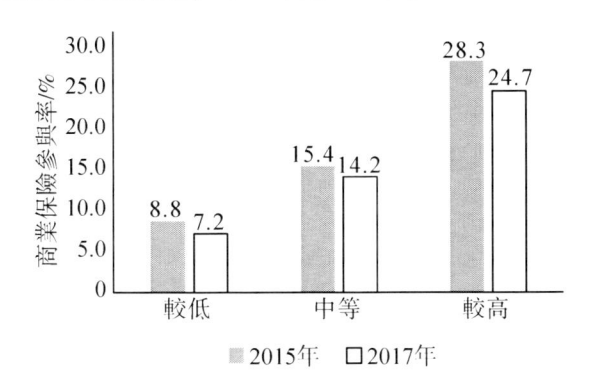

**圖 7.11 中國家庭商業保險購買情況的家庭金融素養水準差異**

表 7.7 描述了中國家庭商業保險支出情況的家庭金融素養水準差異。由表可見，金融素養水準越高的家庭，其保險支出金額也越高。較高金融素養水準的家庭中，2015 年保險支出為 961 元，2017 年為 847 元；中等金融素養的家庭 2015 年、2017 年保險支出分別為 254 元、316 元；較低金融素養水準的家庭 2015 年保險支出為 138 元，2017 年為 113 元。

**表 7.7 中國家庭商業保險支出情況的家庭金融素養水準差異**

單位：元

| 金融素養水準 | 2015 年 | 2017 年 |
|---|---|---|
| 較低 | 138 | 113 |
| 中等 | 254 | 316 |
| 較高 | 961 | 847 |

### 7.3.2 計量分析

#### 7.3.2.1 模型設定

本部分擬考察金融素養對家庭商業保險市場參與的影響。首先，我們探討了保險市場參與率問題，因為家庭是否購買保險表現為選擇問題，故採用 Probit 模型來進行迴歸分析。模型設定如下：

$$\text{Prob}(Y_{it} = 1) = \alpha_0 + \alpha_1 * \text{Literacy}_{i,t-2} + \beta X + \varepsilon_{it} \quad (8.1)$$

在公式（8.1）中，$Y_{it}$ 為二元離散變量，表示第 $i$ 家庭在 $t$ 年是否購買商業保險，購買則賦值為 1，未購買賦值為 0。Literacy 為關注變量：家庭的金融素養水準，考慮到內生性問題，此處採用的是滯後兩年的金融素養數據。$\alpha_1$ 代表金融素養對家庭保險市場參與概率影響的邊際效應。$X$ 為其他控制變量，包括家庭戶主特徵、家庭財富特徵等。$\varepsilon$ 為殘差項，代表不可觀測的其他因素。

其次，我們探討了金融素養對家庭參與商業保險市場的程度，這裡以家庭保費支出和保費支出占家庭收入比重來衡量參與深度。由於未購買商業保險的家庭保費支出為 0，家庭保費支出占收入的比重是截斷的，因此，本部分將使用 Tobit 模型來分析金融素養對家庭保費支出及占比的影響。模型設定如下：

$$\text{Insurance}_{it} = \alpha_0 + \alpha_1 * \text{Literacy}_{i,t-2} + \beta X + \varepsilon_{it} \quad (8.2)$$

在公式（8.2）中，$\text{Insurance}_{it}$ 表示家庭的保費支出或保費支出占家庭收入的比重，$\text{Literacy}_{i,t-2}$ 表示家庭滯後兩年的金融素養水準，$\alpha_1$ 衡量金融素養對家庭保費支出占總收入比重的邊際影響，$X$ 表示一系列其他控制變量，$\varepsilon$ 表示殘差項。

#### 7.3.2.2 變量選取

第一，被解釋變量。

本部分主要考察金融素養對家庭保險市場參與概率和參與深度的影響，因此被解釋變量主要有兩個：①家庭是否購買商業保險①，衡量商業保險市場參與概率。中國家庭金融調查詳細詢問了家庭參與商業人壽保險、商業健康保險、商業養老保險、商業財產保險和其他保險的情況，若家庭成員中至少有一人購買了商業保險，且該保險為本人或家人為其購買，則認為該家庭購買了商業保險，參與了商業保險市場。②家庭保費支出以及家庭保費支出占家庭總收入的比重，衡量商業保險市場參與深度。這裡對保費支出進行了對數化處理。

---

① 企業或單位購買的保險屬於企業行為，汽車保險屬於強制險，均不在本部分的考慮範圍。

第二，其他控制變量。

影響家庭商業保險購買的因素是多樣的，參考現有研究，在迴歸分析中，本書還控制了以下因素：①家庭人口學特徵，包括戶主年齡（考慮到年齡可能的非線性影響，迴歸中還加入了年齡的平方）、戶主性別（男性賦值為1，女性賦值為0）、戶主受教育年限（未上過學為0，小學為6，初中為9，高中/中專為12，大專為15，本科為16，研究生為19）、戶主婚姻狀況（已婚賦值為1，其他賦值為0）、戶主風險態度①（這裡引入了風險偏好型和風險厭惡型兩個虛擬變量）等。②家庭特徵，包括家庭規模、健康狀況②（家庭成員中是否有身體狀況不好的成員）、家庭總收入和家庭淨資產，考慮到收入和資產可能的非線性影響，這裡對資產和收入進行了對數化處理。③地域特徵，包括城鄉（農村賦值為1，城市賦值為0）、家庭所在省份人均GDP。此外，還控制了省份固定效應。

主要變量的描述性統計如表7.8所示。平均而言，家庭淨資產水準為87.7萬元、家庭年收入為7.6萬元、戶主年齡為55歲、戶主為男性的家庭占比為78.6%、戶主的受教育年限為9.2年、已婚戶主家庭占比為84.3%、風險偏好型戶主家庭占比為9.1%、風險厭惡型戶主家庭占比為73.3%、家庭平均4口人、家中有不健康成員的家庭占比為16.6%、農村地區家庭占比為34.0%。

表7.8 主要變量的描述性統計

| 變量 | 樣本量 | 均值 | 標準差 | 最小值 | 最大值 |
| --- | --- | --- | --- | --- | --- |
| 金融素養水準 | 38,459 | 0.047 | 0.935 | −1.254 | 1.546 |
| 保險市場參與率 | 38,459 | 0.167 | 0.373 | 0 | 1 |
| 保險支出/萬元 | 38,459 | 0.048 | 1.113 | 0 | 20.1 |
| 家庭淨資產/萬元 | 38,459 | 87.70 | 147.1 | 0.001 | 1,390 |
| 家庭總收入/萬元 | 38,459 | 7.587 | 9.10 | 0.000 | 104.1 |
| 戶主年齡 | 38,459 | 55.04 | 13.23 | 25.00 | 86.0 |

---

①中國家庭金融調查問卷中關於風險態度的問題為：如果您買彩票中了50萬元，您願意選擇哪種投資項目？1. 高風險、高回報的項目；2. 略高風險、略高回報的項目；3. 平均風險、平均回報的項目；4. 略低風險、略低回報的項目；5. 不願意承擔任何風險；6. 不知道。如果受訪者選擇1或2，定義為風險偏好型，賦值為1；如果受訪者選擇4或5，定義為風險厭惡型，賦值為0。

②中國家庭金融調查問卷中關於健康狀況的問題為：與同齡人相比，您現在的身體狀況如何？1. 非常好；2. 好；3. 一般；4. 不好；5. 非常不好。本書將選擇4或5的受訪者定義為身體狀況不好。家中至少有一位成員選了4或5的家庭則賦值為1，其餘賦值為0。

表7.8(續)

| 變量 | 樣本量 | 均值 | 標準差 | 最小值 | 最大值 |
|---|---|---|---|---|---|
| 戶主為男性 | 38,459 | 0.786 | 0.410 | 0 | 1 |
| 戶主受教育年限 | 38,459 | 9.239 | 3.935 | 0 | 19 |
| 戶主已婚 | 38,459 | 0.843 | 0.363 | 0 | 1 |
| 風險偏好型 | 38,459 | 0.091 | 0.287 | 0 | 1 |
| 風險厭惡型 | 38,459 | 0.733 | 0.442 | 0 | 1 |
| 家庭人口數 | 38,459 | 3.958 | 1.915 | 1 | 24 |
| 家中有不健康成員 | 38,459 | 0.166 | 0.372 | 0 | 1 |
| 農村 | 38,459 | 0.340 | 0.474 | 0 | 1 |
| 省人均GDP/萬元 | 38,459 | 6.173 | 2.629 | 2.617 | 12.90 |

#### 7.3.2.3 計量結果分析

第一，金融素養對家庭商業保險市場參與的影響。

表7.9描述了金融素養對家庭商業保險市場參與概率的影響。其中，第(1)列為不加入控制變量的結果，金融素養變量的係數為0.077，在1%的水準上顯著為正；第(2)列為加入省份控制變量的結果，金融素養變量的係數為0.075，依然在1%的水準上顯著為正；第(3)列為加入了家庭人口學特徵、家庭財富特徵等其他控制變量的迴歸結果，可以看到，金融素養變量的係數值為0.029，雖有所降低，但依然在1%的水準上顯著為正。這說明金融素養對家庭商業保險購買行為具有顯著的正向影響，提高金融素養能顯著促進家庭參與商業保險市場。

表7.9 金融素養對家庭商業保險市場參與概率的影響

| 變量 | (1) | (2) | (3) |
|---|---|---|---|
| 金融素養（因子分析） | 0.077*** (0.002) | 0.075*** (0.002) | 0.029*** (0.002) |
| Ln（淨資產） | | | 0.029*** (0.002) |
| Ln（總收入） | | | 0.026*** (0.002) |
| 戶主年齡 | | | 0.006*** (0.001) |

表7.9（續）

| 變量 | （1） | （2） | （3） |
|---|---|---|---|
| 戶主年齡的平方 | | | -0.008*** (0.001) |
| 戶主為男性 | | | -0.015*** (0.004) |
| 戶主受教育年限 | | | 0.002*** (0.001) |
| 戶主已婚 | | | -0.005 (0.005) |
| 風險偏好型 | | | 0.010 (0.007) |
| 風險厭惡型 | | | -0.029*** (0.005) |
| 家庭規模 | | | 0.004*** (0.001) |
| 家中有不健康成員 | | | -0.016*** (0.006) |
| 農村 | | | -0.013*** (0.005) |
| GDP | | | -0.023*** (0.003) |
| 省份固定效應 | N | Y | Y |
| N | 38,459 | 38,459 | 38,459 |
| R-squared | 0.042 | 0.049 | 0.113 |

　　控制變量方面，家庭淨資產和家庭收入的系數均顯著為正，說明隨著家庭收入的提高和財富的累積，家庭購買商業保險的概率會有所提高，該結果與傳統現有研究結論一致。戶主年齡和家庭商業保險購買概率之間的關係呈「倒U形」，說明隨著年齡的增加，家庭購買商業保險的可能性先增後減。女性戶主相對於男性戶主更可能購買商業保險。戶主的受教育年限對家庭購買商業保險的可能性也具有顯著的正向影響，說明增加受教育水準可以促進家庭的商業保險購買。家庭成員數越多的家庭越傾向於購買商業保險。城市地區的家庭相比於農村地區更可能購買商業保險。

　　第二，金融素養對家庭商業保險市場參與影響的異質性分析。

上述分析表明，金融素養能有效促進家庭購買商業保險，但這一效應在具有不同特徵的家庭中可能存在差異。因此，本部分將從家庭特徵和地域特徵兩方面進行異質性分析。

表7.10描述了金融素養對家庭商業保險購買影響的異質性分析，主要顯示的是在不同財富、不同收入以及不同受教育水準、差異水準的家庭間的差異性迴歸結果。首先，我們將樣本家庭按照財富水準高低分為較高財富水準家庭和較低財富水準家庭，兩類家庭樣本中的迴歸結果分別如表中第(1)列和第(2)列所示。可見，無論是在較高財富水準家庭還是較低財富水準家庭中，金融素養對於家庭商業保險的購買均具有顯著的正向影響，而在較高財富水準家庭中，金融素養的迴歸係數更大，說明金融素養對家庭商業保險購買的促進作用在較高財富水準家庭中表現得更為明顯。其次，我們將樣本家庭按照收入水準高低分為較低收入水準家庭和較高收入水準家庭，兩類樣本家庭中的迴歸結果分別如表中第（3）列和第（4）列所示。從表中數據可知，在較高收入水準和較低收入水準的家庭樣本中，金融素養均表現出了對家庭商業保險市場參與的顯著正向影響，但這一影響在較高收入家庭中表現得更為明顯。最後，我們按照戶主的受教育水準是否在高中以下將樣本家庭分為較低受教育水準家庭和較高受教育水準家庭，兩類家庭的迴歸結果分別如表中第(5)列和第(6)列所示。數據表明，金融素養對於較低受教育水準家庭和較高受教育水準家庭的商業保險購買行為均具有顯著的正向影響，但這一影響效應在較高受教育水準家庭中表現得更為明顯。

表7.10　金融素養對家庭商業保險購買影響的異質性分析（1）

| 變量 | 財富差異 較低財富 | 財富差異 較高財富 | 收入差異 較低收入 | 收入差異 較高收入 | 受教育水準差異 較低受教育水準 | 受教育水準差異 較高受教育水準 |
|---|---|---|---|---|---|---|
|  | （1） | （2） | （3） | （4） | （5） | （6） |
| 金融素養(因子分析) | 0.016*** (0.003) | 0.045*** (0.004) | 0.022*** (0.003) | 0.034*** (0.004) | 0.025*** (0.002) | 0.034*** (0.005) |
| Ln（淨資產） |  |  | 0.019*** (0.002) | 0.046*** (0.003) | 0.023*** (0.002) | 0.040*** (0.003) |
| Ln（總收入） | 0.021*** (0.002) | 0.042*** (0.003) |  |  | 0.021*** (0.002) | 0.037*** (0.004) |
| 戶主年齡 | -0.001 (0.001) | 0.013*** (0.002) | 0.002 (0.001) | 0.010*** (0.002) | -0.001 (0.001) | 0.017*** (0.002) |

表7.10(續)

| 變量 | 財富差異 較低財富 | 財富差異 較高財富 | 收入差異 較低收入 | 收入差異 較高收入 | 受教育水準差異 較低受教育水準 | 受教育水準差異 較高受教育水準 |
|---|---|---|---|---|---|---|
| | (1) | (2) | (3) | (4) | (5) | (6) |
| 戶主年齡的平方 | -0.001 (0.001) | -0.016*** (0.002) | -0.003*** (0.001) | -0.012*** (0.002) | -0.002 (0.001) | -0.020*** (0.002) |
| 戶主為男性 | -0.001 (0.006) | -0.028*** (0.007) | 0.000 (0.006) | -0.029*** (0.007) | -0.006 (0.005) | -0.025*** (0.008) |
| 戶主受教育年限 | 0.003*** (0.001) | 0.003*** (0.001) | 0.002** (0.001) | 0.003*** (0.001) | | |
| 戶主已婚 | -0.002 (0.006) | -0.008 (0.009) | -0.004 (0.006) | -0.011 (0.009) | -0.005 (0.006) | -0.008 (0.011) |
| 風險偏好型 | -0.001 (0.009) | 0.020** (0.010) | -0.010 (0.009) | 0.025** (0.010) | 0.008 (0.008) | 0.013 (0.012) |
| 風險厭惡型 | -0.017*** (0.006) | -0.045*** (0.007) | -0.021*** (0.006) | -0.039*** (0.007) | -0.019*** (0.006) | -0.045*** (0.009) |
| 家庭規模 | 0.002 (0.001) | 0.008*** (0.002) | 0.002 (0.001) | 0.009*** (0.002) | 0.004*** (0.001) | 0.002 (0.003) |
| 家中有不健康成員 | -0.011** (0.006) | -0.026** (0.010) | -0.024*** (0.006) | 0.003 (0.010) | -0.017*** (0.006) | -0.002 (0.014) |
| 農村 | -0.002 (0.005) | -0.037*** (0.009) | -0.004 (0.005) | -0.030*** (0.009) | -0.012** (0.005) | -0.005 (0.013) |
| GDP | -0.001 (0.004) | -0.031*** (0.005) | -0.012*** (0.004) | -0.026*** (0.005) | -0.018*** (0.004) | -0.032*** (0.006) |
| 省份固定效應 | Y | Y | Y | Y | Y | Y |
| N | 18,412 | 20,047 | 18,277 | 20,182 | 25,210 | 13,249 |
| R-squared | 0.071 | 0.075 | 0.084 | 0.077 | 0.096 | 0.087 |

表7.11描述的金融素養對家庭商業保險購買影響的異質性分析中,主要從地域性特徵方面對家庭金融素養和家庭商業保險購買的關係進行了分析。首先,我們將樣本分為農村家庭和城市家庭,迴歸結果分別如表中第(1)列和第(2)列所示。從表中數據可知,金融素養對家庭商業保險購買的促進效應在城市地區和農村地區的家庭中均存在,但在城市地區這一促進效應更大。其次,我們將樣本家庭根據所在區域劃分為東部地區樣本、中部地區樣本和西部地區樣本,迴歸結果分別如表中第(3)列、第(4)列、第(5)列所示。數

據表明，金融素養對家庭商業保險購買的正向影響效應在東部地區、中部地區和西部地區家庭中均顯著存在，但在東部地區的影響效應更大。最後，我們根據樣本家庭所在城市將樣本劃分為三、四線城市家庭和一二線城市家庭，迴歸結果分別如表中第（6）列和第（7）列所示。數據表明，無論是在三、四線城市家庭還是在一、二線城市家庭中，金融素養對家庭商業保險市場參與的促進作用均顯著存在，但這一效應在一二線城市家庭中表現得略為明顯。

表 7.11 金融素養對家庭商業保險購買影響的異質性分析（2）

| 變量 | 城鄉差異 農村 | 城鄉差異 城市 | 區域差異 東部 | 區域差異 中部 | 區域差異 西部 | 城市差異 三、四線城市 | 城市差異 一、二線城市 |
|---|---|---|---|---|---|---|---|
| | (1) | (2) | (3) | (4) | (5) | (6) | (7) |
| 金融素養（因子分析） | 0.017*** (0.003) | 0.035*** (0.003) | 0.032*** (0.003) | 0.027*** (0.004) | 0.020*** (0.005) | 0.025*** (0.003) | 0.033*** (0.004) |
| Ln（淨資產） | 0.022*** (0.002) | 0.034*** (0.002) | 0.025*** (0.002) | 0.033*** (0.003) | 0.031*** (0.004) | 0.032*** (0.002) | 0.027*** (0.003) |
| Ln（總收入） | 0.018*** (0.002) | 0.032*** (0.003) | 0.030*** (0.003) | 0.025*** (0.003) | 0.020*** (0.004) | 0.022*** (0.002) | 0.031*** (0.004) |
| 戶主年齡 | -0.003* (0.002) | 0.009*** (0.001) | 0.009*** (0.002) | -0.002 (0.002) | 0.008*** (0.002) | 0.000 (0.001) | 0.012*** (0.002) |
| 戶主年齡的平方 | 0.002 (0.002) | -0.012*** (0.001) | -0.012*** (0.001) | -0.001 (0.002) | -0.010*** (0.002) | -0.002* (0.001) | -0.014*** (0.002) |
| 戶主為男性 | -0.007 (0.009) | -0.019*** (0.005) | -0.028*** (0.006) | -0.007 (0.008) | 0.005 (0.010) | -0.011* (0.006) | -0.022*** (0.007) |
| 戶主受教育年限 | 0.004*** (0.001) | 0.002** (0.001) | 0.001 (0.001) | 0.003*** (0.001) | 0.002* (0.001) | 0.003*** (0.001) | 0.002* (0.001) |
| 戶主已婚 | -0.006 (0.008) | -0.007 (0.007) | -0.008 (0.008) | 0.011 (0.010) | -0.029** (0.012) | -0.007 (0.007) | -0.007 (0.008) |
| 風險偏好型 | 0.005 (0.011) | 0.013 (0.008) | 0.020** (0.010) | -0.014 (0.012) | 0.024 (0.015) | 0.000 (0.009) | 0.024** (0.011) |
| 風險厭惡型 | -0.007 (0.007) | -0.040*** (0.006) | -0.042*** (0.007) | -0.030*** (0.008) | -0.010 (0.010) | -0.022*** (0.006) | -0.042*** (0.008) |
| 家庭規模 | 0.001 (0.001) | 0.007*** (0.002) | 0.008*** (0.002) | 0.001 (0.002) | 0.001 (0.002) | -0.000 (0.001) | 0.014*** (0.002) |
| 家中有不健康成員 | -0.006 (0.007) | -0.022*** (0.008) | -0.007 (0.009) | -0.015 (0.009) | -0.028** (0.012) | -0.015** (0.007) | -0.011 (0.010) |
| 農村 | | | -0.016** (0.008) | -0.017** (0.008) | 0.005 (0.010) | -0.010** (0.005) | -0.002 (0.011) |
| GDP | -0.007 (0.005) | -0.030*** (0.004) | -0.024*** (0.004) | -0.028*** (0.009) | -0.005 (0.010) | -0.018*** (0.005) | -0.027*** (0.004) |

表7.10(續)

| 變量 | 城鄉差異 | | 區域差異 | | | 城市差異 | |
|---|---|---|---|---|---|---|---|
| | 農村 | 城市 | 東部 | 中部 | 西部 | 三、四線城市 | 一、二線城市 |
| | (1) | (2) | (3) | (4) | (5) | (6) | (7) |
| 省份固定效應 | Y | Y | Y | Y | Y | Y | Y |
| N | 13,070 | 25,389 | 18,425 | 11,725 | 7,538 | 22,547 | 15,912 |
| R-squared | 0.099 | 0.102 | 0.117 | 0.121 | 0.098 | 0.114 | 0.111 |

第三，金融素養對家庭商業保險參與深度的影響。

以上分析表明金融素養能顯著促進家庭的保險市場參與概率，本部分將進一步分析金融素養對家庭商業保險參與深度的影響，迴歸結果如表7.12所示。其中，第(1)列為未加入控制變量的金融素養對家庭保費支出的影響，可見，金融素養的係數顯著為正；第(2)列控制了家庭人口學特徵、家庭財富特徵以及地域特徵後，金融素養的係數依然顯著為正，說明金融素養促進了家庭的保費支出，加大了家庭在保險市場上的投入；第(3)列和第(4)列進一步分析了金融素養對家庭保費支出佔比的影響，數據表明，在加入控制變量前後，金融素養的係數均顯著為正，說明金融素養顯著促進了家庭保費支出佔收入的比重。

表7.12 金融素養對家庭商業保險參與深度的影響

| 變量 | 保費支出 | 保費支出 | 保費支出佔收入比重 | 保費支出佔收入比重 |
|---|---|---|---|---|
| | (1) | (2) | (3) | (4) |
| 金融素養（因子分析） | 0.324***<br>(0.011) | 0.125***<br>(0.012) | 0.073***<br>(0.003) | 0.032***<br>(0.003) |
| Ln（淨資產） | | 0.096***<br>(0.006) | | 0.031***<br>(0.002) |
| Ln（總收入） | | 0.075***<br>(0.008) | | 0.006**<br>(0.003) |
| 戶主年齡 | | 0.011**<br>(0.006) | | 0.012***<br>(0.002) |
| 戶主年齡的平方 | | −0.022***<br>(0.005) | | −0.015***<br>(0.002) |
| 戶主為男性 | | −0.111***<br>(0.029) | | −0.018***<br>(0.006) |

表7.12(續)

| 變量 | 保費支出 (1) | 保費支出 (2) | 保費支出占收入比重 (3) | 保費支出占收入比重 (4) |
|---|---|---|---|---|
| 戶主受教育年限 | | 0.017*** (0.003) | | 0.003*** (0.001) |
| 戶主已婚 | | −0.078** (0.030) | | −0.022*** (0.007) |
| 風險偏好型 | | 0.092* (0.053) | | 0.006 (0.009) |
| 風險厭惡型 | | −0.196*** (0.033) | | −0.028*** (0.007) |
| 家庭規模 | | −0.033*** (0.005) | | −0.007*** (0.002) |
| 家中有不健康成員 | | −0.045** (0.021) | | −0.030*** (0.009) |
| 農村 | | −0.039* (0.021) | | −0.011 (0.007) |
| GDP | | 0.025 (0.020) | | −0.001 (0.005) |
| 省份固定效應 | Y | Y | Y | Y |
| $N$ | 38,458 | 38,458 | 38,415 | 38,415 |
| R-squared | 0.026 | 0.056 | 0.063 | 0.136 |

第四，穩健性檢驗。

本部分進一步採用金融素養的加總得分和對每個衡量金融素養的具體問題的回答結果來進行穩健性檢驗，迴歸結果如表7.13所示。其中第（1）列、第（2）列、第（3）列分別為以金融素養的得分加總表示的金融素養水準對於家庭的商業保險購買、保費支出和保費支出占收入比重的迴歸結果。從表中數據可知，金融素養得分加總的系數均顯著為正，說明金融素養顯著促進了家庭的商業保險購買概率和購買程度。第（4）列、第（5）列、第（6）列分別為加入利率計算是否正確、通貨膨脹問題回答是否正確以及投資風險問題是否回答正確等變量的家庭商業保險購買、保費支出和保費支出占比的迴歸結果。數據表明，利率計算問題回答正確、投資風險問題回答正確對於家庭的商業保險購買、保費支出和保費支出占比均具有顯著的正向影響，而通貨膨脹問題回

答正確與否對家庭的保險市場參與率並沒有顯著影響。本部分的金融素養和家庭商業保險市場參與的穩健性檢驗如表 7.13 所示。

表 7.13 金融素養和家庭商業保險市場參與的穩健性檢驗 (1)

| 變量 | 家庭商業保險購買 (1) | 保費支出 (2) | 保費支出占比 (3) | 家庭商業保險購買 (4) | 保費支出 (5) | 保費支出占比 (6) |
| --- | --- | --- | --- | --- | --- | --- |
| 金融素養(得分加總) | 0.017*** (0.002) | 0.118*** (0.014) | 0.022*** (0.003) | | | |
| 利率計算問題回答正確 | | | | 0.014*** (0.004) | 0.097*** (0.029) | 0.017*** (0.006) |
| 通貨膨脹問題回答正確 | | | | 0.002 (0.005) | 0.035 (0.031) | 0.000 (0.007) |
| 投資風險問題回答正確 | | | | 0.032*** (0.004) | 0.198*** (0.024) | 0.045*** (0.006) |
| Ln（淨資產） | 0.030*** (0.002) | 0.099*** (0.006) | 0.032*** (0.002) | 0.030*** (0.002) | 0.097*** (0.006) | 0.031*** (0.002) |
| Ln（總收入） | 0.027*** (0.002) | 0.077*** (0.008) | 0.007*** (0.003) | 0.027*** (0.002) | 0.076*** (0.008) | 0.006** (0.003) |
| 戶主年齡 | 0.006*** (0.001) | 0.011* (0.006) | 0.012*** (0.002) | 0.006*** (0.001) | 0.011* (0.006) | 0.012*** (0.002) |
| 戶主年齡的平方 | −0.008*** (0.001) | −0.022*** (0.005) | −0.015*** (0.002) | −0.008*** (0.001) | −0.022*** (0.005) | −0.015*** (0.002) |
| 戶主為男性 | −0.015*** (0.004) | −0.113*** (0.029) | −0.018*** (0.006) | −0.015*** (0.004) | −0.109*** (0.029) | −0.017*** (0.006) |
| 戶主受教育年限 | 0.003*** (0.001) | 0.019*** (0.003) | 0.003*** (0.001) | 0.003*** (0.001) | 0.018*** (0.003) | 0.003*** (0.001) |
| 戶主已婚 | −0.004 (0.005) | −0.073** (0.030) | −0.021*** (0.007) | −0.003 (0.005) | −0.071** (0.030) | −0.020*** (0.007) |
| 風險偏好型 | 0.010 (0.007) | 0.091* (0.053) | 0.005 (0.009) | 0.010 (0.007) | 0.092* (0.053) | 0.006 (0.009) |
| 風險厭惡型 | −0.033*** (0.005) | −0.204*** (0.033) | −0.031*** (0.007) | −0.033*** (0.005) | −0.201*** (0.033) | −0.031*** (0.007) |
| 家庭規模 | 0.003*** (0.001) | −0.034*** (0.005) | −0.007*** (0.002) | 0.003*** (0.001) | −0.034*** (0.005) | −0.007*** (0.002) |
| 家中有不健康成員 | −0.019*** (0.006) | −0.052** (0.021) | −0.033*** (0.009) | −0.018*** (0.006) | −0.049** (0.021) | −0.032*** (0.009) |

表7.13(續)

| 變量 | 家庭商業保險購買 (1) | 保費支出 (2) | 保費支出占比 (3) | 家庭商業保險購買 (4) | 保費支出 (5) | 保費支出占比 (6) |
|---|---|---|---|---|---|---|
| 農村 | -0.017*** (0.005) | -0.051** (0.021) | -0.015** (0.007) | -0.014*** (0.005) | -0.040* (0.021) | -0.012 (0.007) |
| GDP | -0.026*** (0.003) | 0.000 (0.020) | -0.006 (0.005) | -0.028*** (0.003) | -0.007 (0.020) | -0.008* (0.005) |
| 省份固定效應 | Y | Y | Y | Y | Y | Y |
| N | 38,459 | 38,458 | 38,415 | 38,459 | 38,458 | 38,415 |
| R-squared | 0.111 | 0.055 | 0.133 | 0.111 | 0.056 | 0.135 |

此外，本部分還將樣本分為2015年和2017年分別進行了迴歸，結果如表7.14所示。其中，第（1）列和第（2）列分別為2015年、2017年樣本中金融素養對家庭保險購買的影響，可見，金融素養的系數均顯著為正；第（3）列和第（4）列分別為2015年、2017年樣本中金融素養對家庭保費支出的影響，金融素養的系數也均顯著為正；第（5）列和第（6）列分別為2015年、2017年樣本中金融素養對家庭保費支出占收入比重的影響，金融素養的系數均顯著為正。以上分析結果表明本部分的結論是穩健的，家庭的金融素養水準能有效促進家庭的商業保險購買。本部分的金融素養和家庭商業保險市場參與的穩健性檢驗如表7.14所示。

表7.14 金融素養和家庭商業保險市場參與的穩健性檢驗（2）

| 變量 | 家庭商業保險購買 2015年 (1) | 家庭商業保險購買 2017年 (2) | 保費支出 2015年 (3) | 保費支出 2017年 (4) | 保費支出占比 2015年 (5) | 保費支出占比 2017年 (6) |
|---|---|---|---|---|---|---|
| 金融素養(因子分析) | 0.034*** (0.004) | 0.025*** (0.003) | 0.115*** (0.018) | 0.131*** (0.016) | 0.036*** (0.006) | 0.029*** (0.004) |
| Ln（淨資產） | 0.033*** (0.002) | 0.026*** (0.002) | 0.093*** (0.009) | 0.098*** (0.008) | 0.036*** (0.004) | 0.027*** (0.003) |
| Ln（總收入） | 0.022*** (0.003) | 0.030*** (0.003) | 0.050*** (0.011) | 0.093*** (0.011) | 0.002 (0.004) | 0.008** (0.003) |
| 戶主年齡 | 0.009*** (0.002) | 0.003** (0.001) | 0.034*** (0.008) | -0.013 (0.009) | 0.018*** (0.003) | 0.008*** (0.002) |

表 7.14(續)

| 變量 | 家庭商業保險購買 2015年 (1) | 家庭商業保險購買 2017年 (2) | 保費支出 2015年 (3) | 保費支出 2017年 (4) | 保費支出占比 2015年 (5) | 保費支出占比 2017年 (6) |
|---|---|---|---|---|---|---|
| 戶主年齡的平方 | -0.010*** (0.002) | -0.006*** (0.001) | -0.039*** (0.007) | -0.003 (0.007) | -0.020*** (0.003) | -0.011*** (0.002) |
| 戶主為男性 | -0.017** (0.007) | -0.014** (0.006) | -0.078* (0.041) | -0.136*** (0.040) | -0.013 (0.011) | -0.020*** (0.007) |
| 戶主受教育年限 | 0.003*** (0.001) | 0.002** (0.001) | 0.018*** (0.005) | 0.015*** (0.004) | 0.003** (0.002) | 0.002** (0.001) |
| 戶主已婚 | 0.012 (0.010) | -0.013** (0.006) | -0.049 (0.049) | -0.078** (0.038) | -0.028* (0.016) | -0.016** (0.008) |
| 風險偏好型 | 0.015 (0.010) | 0.007 (0.009) | 0.143* (0.077) | 0.047 (0.074) | 0.017 (0.016) | -0.001 (0.011) |
| 風險厭惡型 | -0.041*** (0.007) | -0.021*** (0.006) | -0.173*** (0.046) | -0.216*** (0.046) | -0.032*** (0.011) | -0.026*** (0.008) |
| 家庭規模 | 0.005*** (0.002) | 0.003** (0.001) | -0.030*** (0.008) | -0.037*** (0.006) | -0.007** (0.003) | -0.007*** (0.002) |
| 家中有不健康成員 | -0.018** (0.009) | -0.014* (0.007) | -0.034 (0.032) | -0.055* (0.029) | -0.032** (0.015) | -0.029*** (0.010) |
| 農村 | -0.026*** (0.008) | -0.003 (0.006) | -0.094*** (0.030) | -0.004 (0.029) | -0.035*** (0.013) | 0.001 (0.008) |
| GDP | -0.004 (0.004) | -0.010*** (0.003) | 0.020 (0.016) | 0.006 (0.013) | -0.011** (0.005) | -0.007** (0.003) |
| 省份固定效應 | Y | Y | Y | Y | Y | Y |
| N | 16,980 | 21,479 | 16,979 | 21,479 | 16,956 | 21,459 |
| R-squared | 0.122 | 0.109 | 0.050 | 0.064 | 0.128 | 0.151 |

## 7.4 本章小結

本部分重點關注了金融素養對於家庭參與商業保險市場的影響。研究結果表明，家庭的金融素養水準對於家庭的商業保險購買具有顯著的正向影響。基於異質性的分析表明，從家庭特徵上來看，相對於較低財富水準、較低收入水準和較低受教育水準的家庭，金融素養對家庭商業保險購買的促進作用在較高

財富水準、較高收入水準和較高受教育水準的家庭中表現得更為明顯；從地域特徵來看，相對於農村地區、中西部地區以及三、四線城市，金融素養對城市地區、東部地區和一二線城市家庭的商業保險市場參與的促進效應更大。進一步的研究還表明，金融素養對於家庭的保費支出以及保費支出占總收入比重均具有顯著的正向效應，這說明金融素養不僅促進了家庭的商業保險市場參與概率，還提高了家庭的保費支出。

本部分的研究表明，金融素養的匱乏是中國家庭保險市場參與率較低的重要原因之一，政府應進一步加大對居民普及金融知識的力度，以提高其金融素養水準，這有助於提高家庭參與商業保險市場的廣度和深度，從而進一步推動中國商業保險市場的健康有序發展。

# 8 金融素養與家庭財富增長

## 8.1 研究背景及現狀

　　作為家庭生活的物質基礎，財富的累積關係著家庭各項福利水準的提高，也和家庭未來的消費和投資密切相關，因而對經濟的發展也有著重要的影響。隨著近年來經濟、金融的深入發展，各種金融工具的不斷創新以及家庭理財意識和投資理念的日益強化，家庭的財富累積方式也表現得越來越多樣化。在此背景下探討家庭財富增長問題，有利於理解家庭的經濟行為和促進社會經濟的發展。此外，基於 2011 年中國家庭金融調查數據，甘犁等（2013）的研究發現，當前中國家庭的資產總量分佈嚴重不均，同時家庭的資產結構也不盡合理。吳衛星和呂學梁（2013）的研究表明，中國家庭的住房資產配置明顯高於歐美等發達國家，而股票等金融資產的配置比例較低。可見，中國家庭資產的構成存在嚴重的不合理問題。因而，研究中國家庭財富累積和資產結構問題具有非常重要的現實意義。

　　有關家庭資產方面的研究多集中在家庭分項資產上，尤其是風險金融資產方面，較多文獻從家庭特徵、背景風險等方面進行了分析。在家庭特徵方面，研究表明，家庭的受教育水準、年齡、風險態度以及財富水準等都是影響家庭風險金融資產配置的重要因素（Ameriks et al., 2004；李濤　等，2009）。在背景風險方面，Heaton et al.（2000）、Rosen et al.（2004）探討了健康風險、收入風險等對家庭風險金融資產配置的影響；何興強等（2009）的研究表明勞動收入風險越高的家庭投資風險金融資產的概率越低，而有健康保險的家庭投資概率更高。此外，吳衛星和齊天翔（2007）討論了流動性約束的影響。Bertaut（1998）、Poterba et al.（2003）探討了進入成本、養老和稅收制度等對家庭風險金融資產配置的影響。探討家庭整體資產配置的文獻還較少。雷曉燕

和周月剛（2010）分析了健康狀況對家庭資產組合的影響。吳衛星和呂學梁（2013）則分析了中國城市家庭的資產結構與其他國家的差異。

目前有關財富累積的研究還不多。Behrman et al.（2010）從金融素養角度探討了財富累積問題，發現金融素養能有效提升家庭的財富累積，並且和教育相互促進了家庭的財富累積。Letkiewicz et al.（2014）的研究同樣發現，金融素養對年輕家庭的財富累積具有顯著的促進作用。國內對財富累積的研究還較為缺乏，且現有研究僅檢驗了金融素養對於財富累積的影響，並未深入探討其作用機制。

本部分運用中國家庭金融調查數據分析了中國家庭資產分佈概況以及金融素養對家庭財富累積和資產結構的影響。本部分的分析發現，中國家庭的資產總額在不斷上升，但城鄉財富差距還較大，並且房屋資產是家庭資產中占比最大的一部分，而金融資產的占比還較低。實證研究表明，金融素養顯著促進了家庭的財富累積水準，並對農村地區、低受教育水準和戶主年齡在40週歲以上家庭的邊際影響更大。從資產結構來看，金融素養顯著促進了家庭將資產更多地轉移到金融資產尤其是風險資產占比；同時金融素養降低了家庭非金融資產的比重，但會增加生產經營性資產的比重。可見，金融素養主要通過影響家庭的資產組合，進而促進家庭的財富累積。

## 8.2　中國家庭財富概況

中國家庭的家庭財富在20世紀80年代以後，才從無到有地慢慢累積起來。伴隨著經濟的快速發展，中國家庭的總財富也迅速增長起來。在財富迅速累積的過程中，也伴隨著財富的分化。我們首先對中國家庭資產的均值、分位數均值、資產分佈情況等做一些簡要描述。

表8.1給出了2011—2017年的中國城鄉家庭資產額。從表中可以看出，全國、城鄉家庭的平均資產額基本是逐年增加的。全國家庭資產平均值從2011年的613,952元增長到2017年的1,153,609元；農村家庭資產平均值從2011年的296,752元增長到2017年的398,605元；城市家庭資產平均值從2011年的870,073元增長到2017年的1,565,189元。同時我們可以看到明顯的城鄉差異，且差異在逐年增加，城市家庭的資產均值約為農村家庭資產均值的3倍。

表 8.1　2011—2017 年中國城鄉家庭資產額　　　　單位：元

| 年份 | 全國 | 農村 | 城市 |
|---|---|---|---|
| 2011 | 613,952 | 296,752 | 870,073 |
| 2013 | 690,070 | 275,746 | 915,099 |
| 2015 | 858,913 | 322,692 | 1,123,878 |
| 2017 | 1,153,609 | 398,605 | 1,565,189 |

註：其中 2013—2017 年的數據是用面板數據計算的，調整了總資產以及房產相對上一年變動異常樣本後的結果。

表 8.2 給出了 2017 年中國家庭資產分位數。全國家庭 10 分位數資產為 7,462 元，50 分位數為 303,334 元，90 分位數為 1,847,409 元；城市家庭 10 分位數為 11,084 元，50 分位數為 482,025 元，90 分位數為 2,497,176 元；農村家庭 10 分位數為 4,777 元，50 分位數為 118,918 元，90 分位數為 614,443 元。從資產的分佈來看，中國家庭的財富差距較大，全國 90 分位數家庭資產是全國 10 分位數家庭資產的 248 倍，城市為 225 倍，農村為 129 倍。從城鄉來看，城鄉的財富差距也較大，城市 90 分位數家庭資產是農村 90 分位數家庭資產的 4.1 倍。

表 8.2　2017 年中國家庭資產分位數　　　　單位：元

| 分位數 | 全國 | 城市 | 農村 |
|---|---|---|---|
| 10 | 7,462 | 11,084 | 4,777 |
| 20 | 35,863 | 71,288 | 17,655 |
| 30 | 97,213 | 191,373 | 38,000 |
| 40 | 191,741 | 323,393 | 71,409 |
| 50 | 303,334 | 482,025 | 118,918 |
| 60 | 456,654 | 690,896 | 183,440 |
| 70 | 681,054 | 996,645 | 263,600 |
| 80 | 1,064,838 | 1,504,321 | 380,554 |
| 90 | 1,847,409 | 2,497,176 | 614,443 |

表 8.3 將家庭按資產進行分組，分別給出了各組家庭資產占總資產的比重，這對家庭的財富差距描述更加直觀。從表 8.3 可以看出，全國樣本前 10% 最富裕家庭的資產占社會總資產的比例為 50.1%，資產最低的 10% 家庭資產

占社會總資產的比例只有0.1%。分城鄉來看，城市前10%家庭資產占城市家庭總資產的比例為44.6%，農村前10%家庭資產占農村家庭總資產的比例為50.4%。由此可以看出，無論是城市還是農村，中國家庭財富差距較大。因而，對家庭財富累積的研究有助於對該方面問題的深入理解。2017年中國家庭資產分佈狀況見表8.3。

表8.3　2017年中國家庭資產分佈狀況　　　　　　單位:%

| 家庭按資產分組分位數 | 全國 | 城市 | 農村 |
| --- | --- | --- | --- |
| 0～10 | 0.1 | 0.1 | 0.1 |
| 11～20 | 0.4 | 0.6 | 0.5 |
| 21～30 | 1.0 | 1.6 | 1.1 |
| 31～40 | 2.0 | 2.7 | 2.1 |
| 41～50 | 3.2 | 4.0 | 3.5 |
| 51～60 | 4.9 | 5.7 | 5.4 |
| 61～70 | 7.3 | 8.2 | 7.7 |
| 71～80 | 11.4 | 12.3 | 11.2 |
| 81～90 | 19.7 | 20.4 | 18.0 |
| 91～100 | 50.1 | 44.6 | 50.4 |

其次，我們對中國家庭的資產結構狀況進行分析。本書將資產分為非金融資產和金融資產兩類。非金融資產主要包括房屋、生產經營、汽車、其他非金融資產；金融資產主要包括現金、存款、股票、債券、基金、理財產品、期貨、黃金、非人民幣、保險帳戶等。

表8.4展示了2017年中國城鄉家庭資產結構，包括各種資產的均值及其在家庭總資產中的占比情況。不論城市或農村，房屋資產已經成為中國家庭資產中占比最大的一部分。在全國，房屋資產占家庭資產的71.9%，在城市，該比例為74.3%，在農村，該比例為59.8%。從全國和城市家庭來看，占比排第二的是金融資產，分別占家庭總資產的12.0%和12.4%。在農村，土地的占比排在第二位，占13.1%，金融資產排名第三位，占9.7%。在全國和城市家庭中，占比排在第三位的資產為工商業資產，分別占家庭總資產的6.1%和5.8%。

表 8.4　2017 年中國城鄉家庭資產結構

| 地區 | 資產項目 | 金融資產 | 農業資產 | 工商業資產 | 土地 | 住房和商鋪 | 汽車 | 耐用品 |
|---|---|---|---|---|---|---|---|---|
| 全國 | 資產額/元 | 94,662 | 2,584 | 48,021 | 25,254 | 568,821 | 32,023 | 19,777 |
|  | 占比/% | 12.0 | 0.3 | 6.1 | 3.2 | 71.9 | 4.0 | 2.5 |
| 農村 | 資產額/元 | 33,535 | 5,467 | 25,955 | 45,155 | 206,276 | 17,459 | 10,952 |
|  | 占比/% | 9.7 | 1.6 | 7.5 | 13.1 | 59.8 | 5.1 | 3.2 |
| 城市 | 資產額/元 | 131,926 | 827 | 61,473 | 13,122 | 789,830 | 40,901 | 25,156 |
|  | 占比/% | 12.4 | 0.1 | 5.8 | 1.2 | 74.3 | 3.8 | 2.4 |

圖 8.1 給出了中國城鄉家庭金融資產占比。從全國來看，非金融資產占比為 88.0%，金融資產占比僅為 12.0%。分城鄉來看，城市家庭非金融資產占比為 87.6%，金融資產占比為 12.4%；農村家庭非金融資產占比為 90.3%，金融資產占比僅為 9.7%。由此可以看出，中國家庭金融資產占比較低，尤其是農村地區。

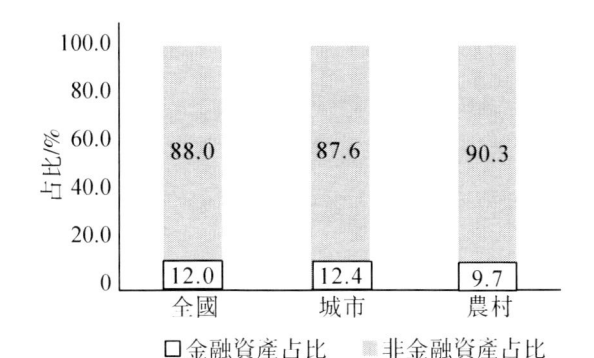

圖 8.1　中國城鄉家庭金融資產占比

圖 8.2 給出了中國不同受教育水準家庭金融資產占比。如圖 8.2 所示，未上過學、小學、初中、高中、大學、研究生學歷的家庭金融資產占比分別為 7.0%、8.5%、10.2%、12.8%、14.9% 和 13%。可以看出，隨著受教育水準的提高，家庭金融資產占比呈現出先增加後減少的趨勢，從戶主為未上過學到大學學歷，其家庭金融資產占比不斷上升。戶主為大學學歷到研究生學歷的家庭金融資產占比小幅下降。

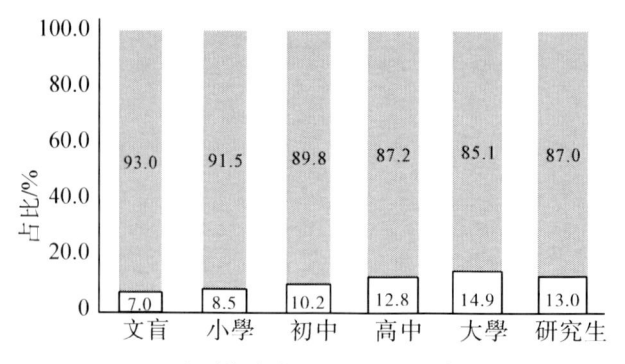

圖 8.2 中國不同受教育水準家庭金融資產占比

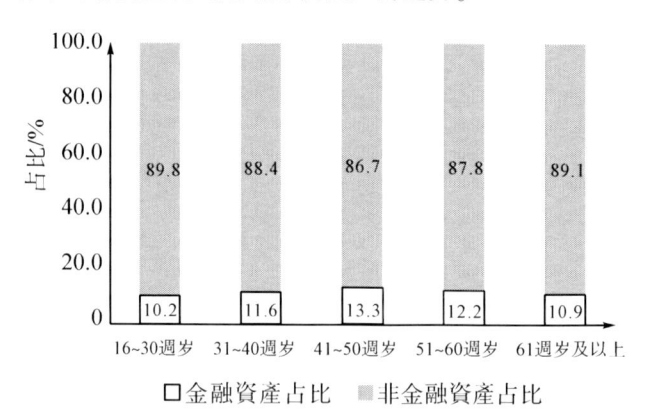

圖 8.3 給出了中國不同年齡段戶主家庭金融資產占比。分年齡段來看，家庭的資產構成在不同的年段上不太相同。戶主為 16~30 週歲家庭金融資產占比為 10.2%，戶主為 31~40 週歲家庭金融資產占比為 11.6%，戶主為 41~50 週歲家庭金融資產占比為 13.3%，戶主為 51~60 週歲家庭金融資產占比為 12.2%，戶主為 61 週歲及以上家庭金融資產占比為 10.9%。可以看出，金融資產占比隨著年齡增長呈現出先增加後減少的趨勢。

圖 8.3 中國不同年齡段戶主家庭金融資產占比

150 金融素養與中國家庭經濟金融行為

## 8.3 金融素養對家庭財富增長的影響實證分析

### 8.3.1 描述性統計分析

由表 8.5 可以看出，金融素養越高的家庭，其總資產和淨資產也越高。對比 2015 年和 2017 年家庭總資產和淨資產情況可以看出，家庭的資產總體都有明顯的增加。2015 年金融素養較高、中等、較低水準家庭的總資產分別為 1,114,663.0 元、667,719.3 元、432,453.1 元；2017 年金融素養較高、中等、較低水準家庭的總資產分別為 1,443,677.0 元、831,565.1 元、472,022.5 元。2015 年金融素養較高、中等、較低水準家庭的淨資產分別為 1,058,348.0 元、633,255.2 元、415,866.8 元；2017 年金融素養較高、中等、較低水準家庭的淨資產分別為 1,370,691.0 元、792,407.4 元、449,040.8 元，相比 2015 年整體消費率有所下降。2015 年和 2017 年的金融素養與家庭資產情況見表 8.5。

表 8.5　2015 年和 2017 年的金融素養與家庭資產情況　　單位：元

| 金融素養水準 | 2015 | | 2017 | |
|---|---|---|---|---|
| | 總資產 | 淨資產 | 總資產 | 淨資產 |
| 較低 | 432,453.1 | 415,866.8 | 472,022.5 | 449,040.8 |
| 中等 | 667,719.3 | 633,255.2 | 831,565.1 | 792,407.4 |
| 較高 | 1,114,663.0 | 1,058,348.0 | 1,443,677.0 | 1,370,691.0 |

### 8.3.2 計量分析

#### 8.3.2.1 變量設定

第一，家庭資產結構。

本章中，我們把家庭總資產和家庭淨資產作為代表家庭財富的變量。在進一步分析中，我們將家庭總資產分為金融資產和非金融資產。非金融資產包括房屋資產、生產性資產和其他非金融資產三類；金融資產包括金融衍生品、股票、基金、企業債券、金融債券、黃金、外匯、理財產品、活期存款、定期存款政府債券、股票帳戶現金及家中留存現金等。更進一步來講，我們將金融資產按照風險的大小分為風險金融資產和無風險金融資產。風險金融資產包括金融衍生品、股票、基金、企業債券、金融債券、黃金、外匯、理財產品等；無

風險金融資產包括活期存款、定期存款政府債券、股票帳戶現金及家中留存現金等。

第二，其他控制變量。

參考已有研究，本章選取表 8.6 中的變量作為控制變量。在數據處理中，剔除了家庭淨資產小於 0 的家庭；同時，為了避免極端值影響估計結果，本章還對關鍵變量進行截尾處理，剔除了資產、淨資產、戶主年齡上下 1% 的樣本。表 8.6 展示了主要變量的描述性統計。

表 8.6　主要變量的描述性統計

| 變量（2015） | 樣本量 | 均值 | 標準差 |
| --- | --- | --- | --- |
| 資產/元 | 20,551 | 726,902 | 1.101e+06 |
| 淨資產/元 | 20,561 | 691,520 | 1.062e+06 |
| 戶主年齡 | 20,647 | 54.1 | 13.3 |
| 戶主受教育年限 | 20,960 | 9.1 | 4.1 |
| 勞動力數量 | 20,976 | 2.2 | 1.4 |
| 勞動力平均受教育水準 | 13,156 | 10.3 | 3.3 |
| 風險偏好型 | 20,976 | 0.08 | 0.28 |
| 風險厭惡型 | 20,976 | 0.66 | 0.48 |
| 戶主和配偶兄弟姐妹數 | 20,976 | 2.8 | 2.3 |
| 家庭黨員數量 | 20,976 | 0.25 | 0.50 |
| 父親受教育水準 | 18,734 | 4.7 | 4.5 |
| 母親受教育水準 | 18,181 | 2.8 | 4.0 |
| 父親是黨員 | 20,976 | 0.16 | 0.37 |
| 母親是黨員 | 20,976 | 0.03 | 0.17 |
| 農村 | 20,976 | 0.36 | 0.48 |
| 變量（2017） | 樣本量 | 均值 | 標準差 |
| 資產/元 | 25,181 | 908,718 | 1.455e+06 |
| 淨資產/元 | 25,181 | 864,152 | 1.405e+06 |
| 戶主年齡 | 25,220 | 56.3 | 12.9 |
| 戶主受教育年限 | 25,685 | 9.0 | 4.0 |
| 勞動力數量 | 25,693 | 1.7 | 1.3 |

表 8.6（續）

| 變量（2017） | 樣本量 | 均值 | 標準差 |
|---|---|---|---|
| 勞動力平均受教育水準 | 13,928 | 10.1 | 3.4 |
| 風險偏好型 | 25,693 | 0.000,0 | 0.008,0 |
| 風險厭惡型 | 25,693 | 0.000,3 | 0.017,6 |
| 戶主和配偶兄弟姐妹數 | 25,693 | 0.46 | 1.37 |
| 家庭黨員數量 | 25,693 | 0.13 | 0.39 |
| 父親受教育水準 | 19,750 | 4.2 | 4.4 |
| 母親受教育水準 | 19,459 | 3.3 | 4.3 |
| 父親是黨員 | 25,693 | 0.09 | 0.30 |
| 母親是黨員 | 25,693 | 0.02 | 0.13 |
| 農村 | 25,693 | 0.37 | 0.48 |

#### 8.3.2.2 實證模型

本章中，我們首先採用 OLS 估計金融素養對於家庭財富的影響，並以此作為基準估計結果。估計模型如下：

$$\mathrm{Ln}(\mathrm{Wealth}_i) = \alpha + \beta_1 \mathrm{Financail\_Literacy}_i + X_i \beta_2 + \varepsilon_i \quad (8.1)$$

在公式（8.1）中，Wealth 表示家庭財富的變量，本章選取了家庭總資產和淨資產作為代表。Financial_Literacy 表示家庭的金融素養水準，$X$ 表示其他控制變量，$\varepsilon$ 是殘差項。

和前面章節一樣，本章的估計中金融素養可能存在內生性問題。首先，家庭在累積財富的過程中，金融素養可能隨著家庭財富的增加而提升，從而導致反向因果關係；其次，內生性問題還可能由一些不可觀測變量導致。因而，本章還使用了工具變量的方法來緩解由內生性問題帶來的估計偏誤。我們將家庭按照其所居住的區（縣）、戶主的受教育水準、戶主的年齡進行分組，用組內除自身以外的其他家庭的金融素養水準的均值作為工具變量。戶主的金融素養水準與其生活的地區、年代和受教育水準密切相關，因而某個家庭的金融素養水準和該地區類似的家庭是相關的，但其他家庭的金融素養水準對這個家庭自身的經濟活動影響較小。因而我們可以認為，用同一組中其他家庭的金融素養水準均值作為工具變量是合適的。在後面的估計中，我們將給出有關工具變量的詳細檢驗結果。

在考察金融素養對家庭資產結構影響的研究中，由於家庭的分項資產存在

大量 0 值，如生產經營性資產、風險金融資產等。因而我們選用 Tobit 模型進行估計，估計模型具體如下：

$$\begin{cases} y_i^* = \alpha + \lambda_1 \text{Financial\_Literacy}_i + X_i\lambda_2 + u_i \\ Y_i = \max(0, y_i^*) \end{cases} \quad (8.2)$$

#### 8.3.2.3 計量結果分析

第一，金融素養與家庭財富。

下面我們首先考察了金融素養對家庭財富的影響，表 8.7 為相關估計結果。第（1）列和第（3）列是估計金融素養對家庭總資產的影響；第（4）列和第（5）列是估計金融素養對家庭淨資產的影響；第（3）列和第（5）列使用 IV-OLS 方法針對可能存在內生性問題，對模型再次進行估計；第（2）列給出了工具變量一階段估計結果。

表 8.7 金融素養對家庭財富的影響

| 變量 | (1) OLS Ln（總資產） | (2) OLS 金融素養 | (3) IV-OLS Ln（總資產） | (4) OLS Ln（淨資產） | (5) IV-OLS Ln（淨資產） |
|---|---|---|---|---|---|
| 金融素養 | 0.176*** (0.011) |  | 1.178*** (0.138) | 0.182*** (0.011) | 1.214*** (0.141) |
| 工具變量 |  | 0.310*** (0.022) |  |  |  |
| 戶主年齡 | 0.048*** (0.010) | 0.014** (0.006) | 0.055*** (0.011) | 0.058*** (0.010) | 0.066*** (0.011) |
| 戶主年齡的平方 | -0.000*** (0.000) | -0.000*** (0.000) | -0.000*** (0.000) | -0.001*** (0.000) | -0.001*** (0.000) |
| 戶主受教育年限 | 0.018*** (0.005) | 0.012*** (0.003) | -0.005 (0.007) | 0.020*** (0.005) | -0.003 (0.007) |
| 勞動力數量 | 0.134*** (0.011) | -0.046*** (0.007) | 0.196*** (0.015) | 0.126*** (0.012) | 0.188*** (0.016) |
| 勞動力平均受教育水準 | 0.106*** (0.006) | 0.068*** (0.004) | 0.027** (0.013) | 0.105*** (0.006) | 0.024* (0.013) |
| 風險偏好型 | 0.322*** (0.050) | 0.068** (0.030) | 0.252*** (0.060) | 0.301*** (0.053) | 0.228*** (0.063) |
| 風險厭惡型 | -0.038 (0.033) | -0.039* (0.021) | 0.004 (0.039) | -0.038 (0.035) | 0.008 (0.041) |

表8.7(續)

| 變量 | (1)<br>OLS<br>Ln<br>(總資產) | (2)<br>OLS<br>金融素養 | (3)<br>IV-OLS<br>Ln<br>(總資產) | (4)<br>OLS<br>Ln<br>(淨資產) | (5)<br>IV-OLS<br>Ln<br>(淨資產) |
|---|---|---|---|---|---|
| 戶主和配偶兄弟姐妹數量 | 0.018***<br>(0.005) | 0.014***<br>(0.003) | 0.005<br>(0.006) | 0.016***<br>(0.005) | 0.002<br>(0.006) |
| 家庭黨員數量 | 0.165***<br>(0.019) | 0.055***<br>(0.014) | 0.102***<br>(0.025) | 0.157***<br>(0.020) | 0.092***<br>(0.026) |
| 父親受教育水準 | 0.014***<br>(0.003) | 0.014***<br>(0.002) | -0.001<br>(0.004) | 0.014***<br>(0.003) | -0.001<br>(0.004) |
| 母親受教育水準 | 0.017***<br>(0.003) | 0.014***<br>(0.002) | 0.001<br>(0.004) | 0.017***<br>(0.003) | 0.001<br>(0.004) |
| 父親是黨員 | -0.018<br>(0.028) | 0.018<br>(0.018) | -0.039<br>(0.032) | -0.007<br>(0.028) | -0.028<br>(0.033) |
| 母親是黨員 | 0.079<br>(0.058) | -0.073**<br>(0.032) | 0.141**<br>(0.069) | 0.098*<br>(0.059) | 0.165**<br>(0.071) |
| 農村 | -0.500***<br>(0.039) | -0.141***<br>(0.019) | -0.283***<br>(0.053) | -0.532***<br>(0.040) | -0.309***<br>(0.054) |
| $N$ | 20,194 | 20,392 | 20,079 | 20,192 | 20,077 |
| $R^2$ | 0.328 | 0.298 | . | 0.323 | . |
| adj. $R^2$ | 0.326 | 0.296 | . | 0.321 | . |
| 一階段 $F$ 值 |  | 339.60 |  |  |  |
| 一階段工具變量 $T$ 值/$P$ 值 |  | 18.43<br>(0.000) |  |  |  |
| DWH 檢驗 $F$ 值/$P$ 值 |  |  | 75.17<br>(0.000) |  | 75.79<br>(0.000) |

註：*、**、***分別表示在10%、5%、1%水準上顯著，估計系數報告的是 marginal effect，括號內為區（縣）層面的聚類異方差穩健的標準誤（clustered & robust standard error），所有迴歸中都控制了省級虛擬變量。下文同。

從第(1)列估計結果中可以看出金融素養對家庭財富的影響。第(1)列估計中，主要自變量金融素養的估計系數為 0.176，並在1%水準上顯著，這說明金融素養越高，家庭的財富也越多。如上所述，金融素養可能存在內生性問題，因而我們還採用了工具變量的方法進行估計。首先，我們檢驗工具變量，第（2）列估計結果中顯示一階段 $F$ 值為 339.6，大於10 的經驗值，且工

具變量估計系數的 $t$ 值為 18.43 在 1% 水準上顯著，因而可以拒絕弱工具變量假設。從第（3）列工具變量估計結果來看，金融素養估計系數為 1.178，同樣在 1% 水準上顯著。在第（3）列和第（5）列的最後兩行，我們展示了對金融素養進行內生性檢驗的結果，此處採用了 DWH 檢驗方法，檢驗結果顯示，我們可以在 1% 水準上拒絕不存在內生性的假設。從表 8.7 的整體估計結果來看，金融素養係數都在 1% 水準上顯著，這進一步顯示了金融素養可能對家庭財富累積起到正向的促進作用。

其次，我們考察其他控制變量對家庭財富累積的影響，以第（1）列估計為準。戶主年齡的影響在 1% 水準上顯著為正，而第（3）列是在 5% 水準上顯著為正；年齡平方項的影響在 1% 水準上顯著為負，但由於係數約為 0，所以可以認為年齡越大，家庭財富累積越多。戶主受教育年限和家庭勞動力平均受教育水準的係數都顯著為正，驗證了受教育水準對於家庭資產累積的正向效果。戶主及配偶兄弟姐妹數量以及家庭的黨員數量可以用以粗略衡量家庭的社會網絡關係。這兩個變量的係數也都為正並且顯著，可以發現家庭的社會網絡關係對於家庭財富累積有顯著的正向推動作用。此外，控制變量中還包含了父母的受教育水準、政治地位等上一代的特徵對子女家庭資產的影響，可以看出父母的受教育程度對家庭的資產累積有顯著的正向影響。母親是黨員對下一代資產累積同樣有顯著正影響，但父親是黨員這個變量的估計係數基本上為負並且不顯著。整體上來看，父母的受教育水準和政治地位在一定程度上反應了父母的社會關係及地位，尤其是母親的受教育水準和政治地位對子女的財富累積具有顯著的促進作用。已有研究發現，父母的社會關係、政治關係會傳遞給孩子，從而對子女的收入產生影響（楊瑞龍 等，2010；何石軍和黃桂田，2013）。從本部分的研究還可以發現，家庭財富水準也可能因為父母社會地位和政治關係的傳遞而產生傳遞性。

第二，金融素養與家庭資產結構。

由表 8.7 的分析可知，在控制其他因素的情況下，金融素養越高的家庭越可能有更高的家庭財富水準。家庭所處的生命週期、家庭成員的受教育水準、家庭的社會網絡關係以及父母的社會關係與政治地位對於家庭財富都有顯著的正向影響。接下來我們將把資產分為不同的類別，然後分別考察金融素養對於各類資產的不同影響，以便能夠更加深入地瞭解金融素養如何作用於家庭資產。

首先，金融素養對金融類資產和非金融類資產的影響。

下面我們將資產劃分為金融和非金融兩大類。表 8.8 為金融素養對家庭金

融資產和非金融資產占比的影響。從表8.8可以看出，金融素養越高的家庭越傾向於把資產配置在金融資產上，這可能由於金融素養高的家庭更加理解金融市場，也就更多地參與金融市場；同時，金融資產相對來說流動性更高，持有更多的金融資產可以使家庭更容易抓住投資機會。

表8.8　金融素養對家庭金融資產和非金融資產占比的影響

| 變量 | (1) OLS 非金融資產比重 | (2) IV-OLS 非金融資產比重 | (3) OLS 金融資產比重 | (4) IV-OLS 金融資產比重 |
|---|---|---|---|---|
| 金融素養 | -0.006*** (0.002) | -0.053*** (0.018) | 0.006*** (0.002) | 0.053*** (0.018) |
| $N$ | 20,138 | 20,024 | 20,138 | 20,024 |
| $R^2$ | 0.039 | 0.000 | 0.039 | 0.000 |
| adj. $R^2$ | 0.037 | -0.002 | 0.037 | -0.002 |

註：控制變量選取與表8.6相同，為節省篇幅沒有報告，下文同。

其次，金融素養對分項資產構成的影響。

此處我們對資產做進一步細分，將家庭的非金融資產分為房屋資產、生產性資產和其他非金融資產，而家庭的金融資產則分為無風險金融資產和風險金融資產。此外我們還定義了廣義風險金融資產，它包括風險金融資產和家庭借出款，各分項資產占比是指各分項資產占總資產的比重。金融素養對家庭分項資產的影響見表8.9。

表8.9　金融素養對家庭分項資產的影響

| Panel A | (1) Tobit 房屋資產占比 | (2) Tobit 生產性資產占比 | (3) OLS 其他非金融資產占比 | (4) OLS 無風險金融資產占比 | (5) Tobit 風險金融資產占比 | (6) Tobit 廣義風險金融資產占比 |
|---|---|---|---|---|---|---|
| 金融素養 | -0.013*** (0.002) | 0.007*** (0.003) | -0.005*** (0.002) | 0.001 (0.001) | 0.007*** (0.001) | 0.008*** (0.001) |
| $N$ | 18,448 | 20,194 | 20,194 | 20,194 | 20,194 | 20,194 |
| adj. $R^2$ |  |  | 0.088 | 0.008 |  |  |
| pseudo $R^2$ | 0.538 | 0.149 |  |  | -0.306 | -0.291 |

8　金融素養與家庭財富增長

表 8.9（續）

| Panel B | (1)<br>IV-Tobit<br>房屋<br>資產占比 | (2)<br>IV-Tobit<br>生產性<br>資產占比 | (3)<br>IV-OLS<br>其他非金融<br>資產占比 | (4)<br>IV-OLS<br>無風險金融<br>資產占比 | (5)<br>IV-Tobit<br>風險金融<br>資產占比 | (6)<br>IV-Tobit<br>廣義風險<br>金融資產<br>占比 |
|---|---|---|---|---|---|---|
| 金融素養 | 0.040<br>(0.027) | -0.144***<br>(0.031) | -0.063***<br>(0.017) | -0.001<br>(0.011) | 0.079***<br>(0.015) | 0.072***<br>(0.015) |
| N | 18,340 | 20,079 | 20,079 | 20,079 | 20,079 | 20,079 |
| adj. $R^2$ | | | 0.033 | 0.008 | | |

註：表中 IV-Tobit 估計報告的結果為邊際影響（margins effect），下文同。

表8.9中 Panel A 前3列展示的是金融素養對各非金融分項資產占比的影響，從係數的符號可以看出金融素養越高的家庭，其房屋資產和其他非金融資產的占比越低，但是其生產性資產占比卻越高，影響都在1%水準上顯著。由金融素養越高的家庭其房屋資產占比越低可以看出，金融素養高的家庭其財富水準也更高，這並非是通過持有更多的房產實現的，而有可能是通過持有更多的工商業實現。表8.9中 Panel A 後3列展示的是金融素養對風險金融資產占比和無風險金融資產占比的影響。從表8.8中我們可以發現金融素養更高的家庭其金融資產比重更大。Panel A 的後3列就是對金融資產細分後，考察金融素養對其的影響。可以發現，金融素養會促進家庭將資產更多地配置在風險金融資產中，這使得家庭能夠通過承擔更多的風險從而獲取更高的收益。金融素養對於家庭在無風險金融資產上的配置影響不顯著。綜上可以看出，金融素養高的家庭通過將家庭資產更多地配置在生產性資產和風險金融資產比重中，使得家庭財富累積得更快。

表8.9中 Panel B 使用工具變量的方法對 Panel A 的結果再次進行估計，結果中金融素養對家庭生產性資產占比和無風險資產占比的影響符號變為相反了，對於房產占比的影響變得不顯著了，其他各列估計與 Panel A 基本一致。這說明，在考慮到內生性問題存在的情況下，表8.9的結論大部分仍然存在。

最後，金融素養對資產構成的影響。

下面，表8.10進一步展示了金融素養對家庭金融資產構成的影響。從4列估計結果中可以看出，金融素養對於風險資產占金融資產比重和廣義風險資產占金融資產比重都有顯著的正向促進作用。在考慮了金融素養內生性問題後，使用 IV-Trobit 模型進行估計，結果展示在第（2）列和第（4）列中，可

以看出估計結果很穩健。結合上文可以發現，金融素養不僅會提高家庭風險金融資產在總資產中的占比，還會提高家庭風險金融資產在家庭金融資產中的占比。

表 8.10　金融素養對家庭金融資產構成的影響

|  | （1） | （2） | （3） | （4） |
| --- | --- | --- | --- | --- |
|  | Tobit | IV-Tobit | Tobit | IV-Tobit |
|  | 風險資產占金融資產比重 | 風險資產占金融資產比重 | 廣義風險資產占金融資產比重 | 廣義風險資產占金融資產比重 |
| 金融素養 | 0.011*** (0.004) | 0.262*** (0.041) | 0.016*** (0.004) | 0.220*** (0.039) |
| $N$ | 20,079 | 19,964 | 20,079 | 19,964 |
| pseudo $R^2$ | 0.062 |  | 0.055 |  |

總的看來，金融素養影響家庭財富的一個途徑是通過影響各類資產在總資產中的配置來實現的。金融素養對生產性資產配置的影響還有待進一步確認，但是金融素養對家庭風險金融資產配置有穩健的促進作用。由此可見，金融素養會顯著影響家庭的資產結構。

第三，金融素養對家庭財富累積的異質性影響。

由上面的分析我們可以發現，金融素養會影響家庭的資產配置結構。現在我們將要考察金融素養對不同類型家庭財富的邊際影響是否有明顯差異。我們將家庭按是否農村家庭、戶主的年齡、戶主的受教育水準進行分組，而後分析金融素養對不同類型家庭財富的影響。金融素養對家庭財富累積的異質性影響見表 8.11。表 8.11 分別以家庭總資產的對數值和家庭淨資產的對數值作為家庭財富的代表變量，使用普通最小二乘法進行迴歸分析。

表 8.11　金融素養對家庭財富累積的異質性影響

| 變量 | （1） | （2） | （3） | （4） | （5） | （6） |
| --- | --- | --- | --- | --- | --- | --- |
|  | Ln（總資產） | | | Ln（淨資產） | | |
| 金融素養 | 0.196*** (0.015) | 0.181*** (0.012) | 0.158*** (0.027) | 0.203*** (0.015) | 0.188*** (0.012) | 0.162*** (0.027) |
| 金融素養×農村 | -0.055** (0.024) |  |  | -0.059** (0.025) |  |  |

表8.11(續)

| 變量 | (1) | (2) | (3) | (4) | (5) | (6) |
|---|---|---|---|---|---|---|
| | \multicolumn{3}{c}{Ln（總資產）} | \multicolumn{3}{c}{Ln（淨資產）} | | | |
| 金融素養×40週歲以下年齡組 | | −0.036 (0.024) | | | −0.049** (0.024) | |
| 40週歲以下年齡組 | | −0.048 (0.030) | | | −0.095*** (0.032) | |
| 金融素養×未受過教育 | | | 0.081 (0.063) | | −0.027 (0.048) | 0.069 (0.065) |
| 金融素養×受過初等教育 | | | 0.014 (0.030) | | | 0.017 (0.031) |
| 金融素養×受過中等教育 | | | 0.034 (0.033) | | | 0.035 (0.034) |
| 未受過教育 | | | −0.088 (0.093) | | | −0.130 (0.095) |
| 受過初等教育 | | | −0.146*** (0.051) | | | −0.150*** (0.052) |
| 受過中等教育 | | | −0.103** (0.045) | | | −0.098** (0.046) |
| 農村 | −0.509*** (0.039) | −0.500*** (0.039) | −0.498*** (0.039) | −0.542*** (0.041) | −0.531*** (0.041) | −0.531*** (0.041) |
| $N$ | 20,194 | 20,394 | 20,196 | 20,192 | 20,392 | 20,194 |
| $R^2$ | 0.328 | 0.325 | 0.328 | 0.323 | 0.319 | 0.323 |
| adj. $R^2$ | 0.326 | 0.323 | 0.326 | 0.322 | 0.318 | 0.321 |

首先，我們可以從第（1）列和第（4）列看到金融素養對城鄉家庭的不同影響。從第（1）列估計結果可以看出，金融素養與農村的交叉項的系數為−0.055，在5%水準上顯著。這說明，對於城市家庭來說，金融素養的提高對其家庭資產的影響更大。第（4）列估計使用家庭淨資產作為因變量進行估計，估計結果與第（1）列基本一致，這可能由於城市家庭資產更多，金融可獲得性也更好，所以金融素養對於城市家庭的邊際影響更大。

其次，第（2）列和第（5）列分析了金融素養對不同年齡組家庭財富的影響差異。從第（2）列估計來看，金融素養與40週歲以下年齡組交叉項的估計為−0.036，但是不顯著。第（5）列估計是對家庭淨資產進行估計，估計

結果為-0.049,在5%水準上顯著。這表示,提高40週歲以上年齡組家庭的金融素養對淨資產累積的邊際影響要高於戶主為40週歲以下的家庭。

最後,第(3)列和第(6)列分析了金融素養對戶主不同受教育水準家庭財富的影響差異。我們將受教育水準分為未受過教育、受過初等教育、受過中等教育和受過高等教育四組,以受過高等教育為參考組進行估計。從第(3)列的估計來看,金融素養與未受過教育、受過初等教育、受過中等教育的交叉項的估計系數都為正,但是不顯著;而第(6)列的結果和第(3)列基本一致。這說明,金融素養對擁有不同受教育水準戶主的家庭的財富累積邊際的影響無顯著差異。

綜上可以發現,提高城市、40週歲以上年齡組家庭的金融素養水準對其財富累積的影響更大,這對推動民眾金融素養水準的政策制定具有一定的參考意義。

第四,穩健性檢驗。

為了進一步驗證上面估計結果的穩健性,我們採用了另外一種方法來衡量金融素養,用家庭回答正確的金融素養問題數量來衡量。我們一共有3個相關題目,比如回答正確1個,則這個變量記為1,依此類推。

表8.12展示了金融素養得分對家庭財富和資產結構的影響。表8.12分為Panel A和Panel B,分別從不考慮內生性和考慮內生性兩個角度進行估計。第(1)列顯示,金融素養得分對於家庭淨資產的影響都顯著為正,驗證了上面分析的結論。第(2)列和第(3)列顯示,金融素養得分對於家庭的房屋資產占比和生產性資產占比影響不確定。第(4)列顯示,金融素養得分會顯著抑制家庭在其他非金融資產上的配置。第(5)列和第(6)列顯示金融素養得分對於家庭無風險資產配置無顯著影響,同時會顯著促進家庭配置風險金融資產。

表8.12 金融素養得分對家庭財富和資產結構的影響

| Panel A | (1) OLS Ln(淨資產) | (2) Tobit 房屋資產占比 | (3) Tobit 生產性資產占比 | (4) OLS 其他非金融資產占比 | (5) OLS 無風險金融資產占比 | (6) Tobit 廣義風險金融資產占比 |
|---|---|---|---|---|---|---|
| 金融素養得分 | 0.166*** (0.012) | -0.009*** (0.002) | 0.004 (0.003) | -0.005*** (0.002) | 0.000 (0.001) | 0.007*** (0.001) |
| N | 20,309 | 18,558 | 20,311 | 20,311 | 20,311 | 20,311 |

表8.12(續)

|  | (1) | (2) | (3) | (4) | (5) | (6) |
|---|---|---|---|---|---|---|
| Panel A | OLS | Tobit | Tobit | OLS | OLS | Tobit |
|  | Ln(淨資產) | 房屋資產占比 | 生產性資產占比 | 其他非金融資產占比 | 無風險金融資產占比 | 廣義風險金融資產占比 |
| Panel B | (1) | (2) | (3) | (4) | (5) | (6) |
|  | IV-OLS | IV-Tobit | IV-Tobit | IV-OLS | IV-OLS | IV-Tobit |
|  | Ln(淨資產) | 房屋資產占比 | 生產性資產占比 | 其他非金融資產占比 | 無風險金融資產占比 | 廣義風險金融資產占比 |
| 金融素養打分 | 1.730***<br>(0.228) | 0.065*<br>(0.038) | −0.191***<br>(0.049) | −0.098***<br>(0.025) | −0.018<br>(0.017) | 0.084***<br>(0.021) |
| N | 20,194 | 18,450 | 20,196 | 20,196 | 20,196 | 20,196 |

表8.13展示了用金融素養得分作為主要因變量，檢驗金融素養對不同類型家庭財富累積的差異性影響的穩健性，此處我們分別用金融素養得分對家庭總資產和淨資產進行估計。在第（1）列中，金融素養得分與農村的交叉項系數為0.034，不顯著；在第（2）列對總資產的估計中，交叉項估計系數在10%水準上顯著為正。從第（1）列和第（2）列中我們無法確認金融素養是對農村家庭還是對城市家庭的財富累積的邊際影響更大。在第（3）列和第（4）列估計結果中，金融素養與40週歲以下年齡組的交叉項估計系數都不顯著，而且還有反號出現。在第（5）列和第（6）列的估計中，金融素養得分與各受教育水準組的交叉項估計系數都為正，且都在1%的水準上顯著。由此可以看出，相對於高等教育組，金融素養對於表8.13中所列3組家庭的財富影響都更大。這與表8.11的結果符號一致。金融素養得分對家庭財富累積的異質性影響見表8.13。

表8.13　金融素養得分對家庭財富累積的異質性影響

| 變量 | (1) | (2) | (3) | (4) | (5) | (6) |
|---|---|---|---|---|---|---|
|  | OLS | OLS | OLS | OLS | OLS | OLS |
|  | Ln(淨資產) | Ln(總資產) | Ln(淨資產) | Ln(總資產) | Ln(淨資產) | Ln(總資產) |
| 金融素養得分 | 0.155***<br>(0.014) | 0.146***<br>(0.013) | 0.164***<br>(0.013) | 0.155***<br>(0.012) | 0.044***<br>(0.017) | 0.037**<br>(0.016) |

表8.13(續)

| 變量 | (1) OLS Ln(淨資產) | (2) OLS Ln(總資產) | (3) OLS Ln(淨資產) | (4) OLS Ln(總資產) | (5) OLS Ln(淨資產) | (6) OLS Ln(總資產) |
|---|---|---|---|---|---|---|
| 金融素養得分×農村 | 0.034 (0.021) | 0.037* (0.020) | | | | |
| 金融素養×40週歲以下年齡組 | | | −0.003 (0.024) | 0.009 (0.024) | | |
| 40週歲以下年齡組 | | | −0.105*** (0.032) | −0.058* (0.031) | | |
| 金融素養得分×未受過教育 | | | | | 0.203*** (0.060) | 0.215*** (0.058) |
| 金融素養得分×受過初等教育 | | | | | 0.148*** (0.019) | 0.145*** (0.018) |
| 金融素養得分×受過中等教育 | | | | | 0.163*** (0.025) | 0.163*** (0.025) |
| 未受過教育 | | | | | −0.224** (0.094) | −0.182** (0.092) |
| 受過初等教育 | | | | | −0.252*** (0.049) | −0.249*** (0.048) |
| 受過中等教育 | | | | | −0.203*** (0.043) | −0.210*** (0.042) |
| 農村 | −0.544*** (0.041) | −0.510*** (0.040) | −0.551*** (0.041) | −0.520*** (0.039) | −0.530*** (0.041) | −0.497*** (0.039) |
| N | 20,192 | 20,194 | 20,392 | 20,394 | 20,194 | 20,196 |

在表8.14中我們考察了評估金融素養相關的3個問題對家庭財富累積的影響，也就是將利率計算、通貨膨脹和股票市場這3個問題回答正確與否同時加入進行估計。從第(2)列估計結果可以看出，各分項問題的估計係數全部為正，且都在1%的水準上顯著，這也進一步驗證了金融素養對家庭財富累積的促進作用。從估計係數來看，股票市場問題估計係數大於利率計算問題，通貨膨脹問題估計係數最小。從問題上來看，股票市場問題和利率計算問題是相

對更難回答的金融素養相關問題，從而可能對財富累積有更大影響。這說明在普及金融知識時，我們可以涉及深入一些的問題，這樣的培訓可能對於家庭來說邊際收益會更大。金融素養分項問題對家庭財富累積的影響見表8.14。

表8.14 金融素養分項問題對家庭財富累積的影響

| 對相關問題的回答 | (1) OLS Ln（淨資產） | (2) OLS Ln（總資產） |
|---|---|---|
| 利率計算問題回答正確 | 0.134*** (0.021) | 0.146*** (0.022) |
| 通貨膨脹問題回答正確 | 0.062*** (0.024) | 0.072*** (0.024) |
| 股票市場問題回答正確 | 0.252*** (0.021) | 0.258*** (0.022) |
| N | 20,311 | 20,309 |

## 8.4　本章小結

本章運用了2015年和2017年兩年的中國家庭金融調查數據組成混合面板數據，研究了金融素養對家庭財富累積和資產結構的影響。研究發現，金融素養更高的家庭傾向於將更多資產配置到金融資產尤其是風險金融資產上。同時，金融素養會降低家庭在非金融資產上的配置，但是金融素養對於家庭在生產性資產和住房資產上的配置影響是不明確的。因而，金融素養促進財富累積，主要通過使家庭敢於更多地承擔風險，更多地將資產配置到風險金融市場上，從而獲得更多收益。從金融素養對不同類型家庭財富累積的邊際影響上來看，本部分發現金融素養很可能對低受教育水準戶主家庭的邊際影響更大。從金融素養的分項問題來看，家庭在區分市場風險方面問題的正確回答對家庭財富累積的影響更大。研究還發現，家庭的財富累積隨年齡的增加先增加後減少，戶主和家庭勞動力的受教育水準對財富的累積有正向促進作用，戶主與配偶的兄弟姐妹數量、家庭黨員數量、父母的受教育水準和政治地位對家庭財富累積同樣有顯著正向影響。

本章的研究加深了我們對家庭財富累積的影響因素的理解。首先，在家庭

成員受教育水準、工作、社會關係等背景特徵很難改變的情況下，很難通過收入的增長來獲得財富的累積，但金融素養水準的提高可以顯著促進家庭財富累積水準。所以，相關部門應大力幫助民眾提高金融素養水準，從而提高家庭福利水準。其次，研究發現金融素養對低受教育水準等金融素養差異性很大的家庭的邊際影響更大，因而相關部門在制定相關的培訓計劃時應有所側重。最後，研究還發現，是否具有市場風險方面的知識對家庭財富累積的影響更大，這說明在進行民眾金融素養普及的內容方面也應有的放矢。

# 9 金融素養與家庭貧困發生率

## 9.1 研究背景及現狀

貧困是社會面臨的嚴峻挑戰之一，一直受到國內外的廣泛關注。改革開放以來，隨著中國經濟的迅速發展，中國的貧困人口大幅下降，貧困率持續降低，反貧困工作取得了巨大進展。中國的絕對貧困人口數量由 1985 年的 1.25 億人降低至 2016 年的 4,332 萬人。中國國家統計局 2015 年發布的數據顯示，中國的貧困率從 2000 年的 10.2% 下降到 2015 年的 5.7%。但中國的減貧問題依然面臨著挑戰，中國仍然存在著數量較大的貧困人口（尤其是在農村地區），部分地區還出現了脫貧後又返貧的問題。習近平總書記多次提出要「精準扶貧」，中國「十三五」規劃也突出強調了「精準扶貧、精準脫貧」的基本方略。因此，本章研究對於家庭貧困率的探討具有重要的現實意義。

已有關於貧困的研究主要包括貧困的定義和測度、貧困的決定因素以及減貧政策效果等問題。在貧困的定義和度量方面，首先是收入和消費意義上的貧困（Sen，1976），近年來更多地考慮到了貧困家庭的生存、生活和發展需求，學者們提出了多維貧困的概念，Alkire 和 Foster（2011）還構建了多維貧困指數。此外，世界銀行在 2001 年《世界發展報告》中提出了「貧困脆弱性」的概念，描述了個體在將來陷入貧困中的可能性。貧困的決定因素方面，較多文獻從經濟增長、金融發展、政府政策等方面進行了分析。經濟增長和收入水準的提高是降低貧困的決定性因素（Yao et al.，2004；夏慶杰 等，2011），但經濟增長並不能消除貧困，還可能由於收入差距的擴大而加劇貧困程度（Benjamin et al.，2011；萬廣華 等，2006）。Jenneney 和 Kpodar（2005）、Beck et al.（2007）認為，金融市場的發展有助於幫助貧困家庭脫離貧困。朱若然和陳富貴（2019）的研究表明，金融規模的發展對減貧具有明顯的效果。

Kablana 和 Chhikara（2013）、鄭中華和特日文（2014）的研究發現，普惠金融服務可得性有助於降低貧困率。樊麗明和解堊（2014）從公共轉移支付的角度對家庭貧困脆弱性進行了探討。周強和張全紅（2017）構建了長期多維貧困指數，並從家庭擁有的教育資源和教育回報率角度對家庭貧困的原因進行了分析。微觀視角方面，已有文獻主要從人力資本角度進行了探討。王弟海等（2012）指出，健康人力資本有助於農戶避免陷入「貧困陷阱」。Autor et al. (2003)、章元等（2012）發現，基礎教育對農戶貧困具有重要影響。徐月賓等（2007）、章元等（2009）的研究表明，人口負擔率高、從事農業生產的農戶更容易陷入貧困。程名望等（2006）認為，農民工進城務工有助於減緩農村貧困。

金融素養是影響人們日常經濟金融決策的一個方面，對於信貸使用、財富累積和創業等均具有顯著的促進作用（Klapper et al., 2013；尹志超 等，2015）。幫助貧困弱勢群體提高金融素養，可以提高他們的決策能力，有助於他們充分利用自己的稟賦來保持更好的經濟狀況，進一步促進家庭消費和收入的增長。因此，我們認為有必要深入分析和探討金融素養對家庭貧困的緩解效應，這有助於為減貧提供一個新的著力點，為相關部門的政策制定提供參考依據。

為此，基於中國家庭金融調查 2015 年和 2017 年的混合截面數據，本書對於中國家庭貧困率和家庭人均收入的基本情況進行了描述性統計，並從金融素養的角度探討了其對家庭貧困率的作用影響。本部分的分析發現，一方面，中國仍存在比例不低的貧困家庭（尤其是在農村地區），但家庭貧困率在2015—2017 年逐步下降；另一方面，金融素養對家庭貧困率具有顯著的負向影響，金融素養水準高的家庭貧困率更低，提升金融素養有助於降低家庭貧困率。從貧困率的動態分析來看，提升金融素養有效降低了家庭成為貧困家庭和重新成為貧困家庭的概率，且增加了家庭脫離貧困的可能。進一步地，金融素養對於家庭人均收入具有顯著的促進作用，也增加了家庭開展工商業生產經營的可能性。

## 9.2 中國家庭貧困率和收入情況

### 9.2.1 家庭貧困率分佈

圖 9.1 描述了中國家庭貧困率的分佈情況。可見，中國家庭的貧困率有下降

趨勢，2015 年有 22.0%的家庭處於國家貧困線標準以下，2017 年降至 17.6%。分城鄉來看，農村地區的家庭貧困率遠高於城市地區的家庭，2015 年、2017 年分別有 38.8%、30.8%的家庭處於貧困線以下；城市地區 2015 年、2017 年分別有 11.9%、9.9%的家庭處於貧困線以下。

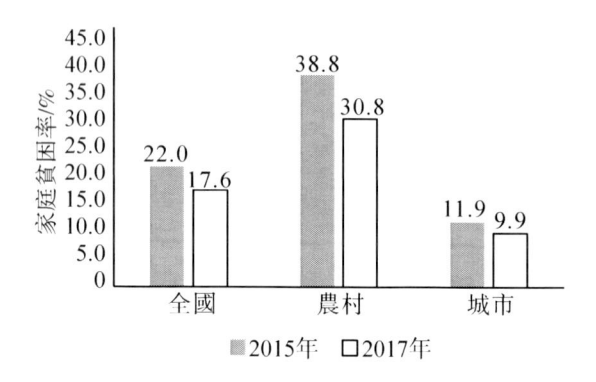

**圖 9.1　中國家庭貧困率的分佈情況**

圖 9.2 描述了中國家庭貧困率分佈的地域差異。可見，東部地區家庭貧困率較低，2015 年、2017 年處於貧困線以下的家庭占比分別為 19.2%、13.7%；之後是中部地區，2015 年、2017 年分別有 23.0%、19.7%的家庭處於貧困線以下；西部地區家庭貧困率最高，2015 年、2017 年分別有 26.8%、21.8%的家庭處於貧困線以下。

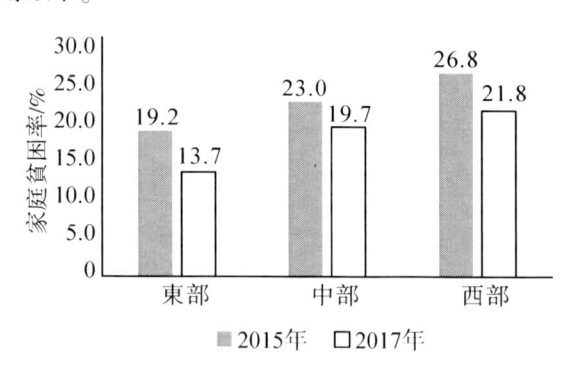

**圖 9.2　中國家庭貧困率分佈的地域差異**

表 9.1 描述了中國家庭貧困率分佈的城市差異。從表 9.1 的數據可知，一線城市家庭的貧困率最低，2015 年、2017 年分別有 8.5%、4.1%的家庭處於貧困線以下；之後是二線城市，2015 年、2017 年分別有 15.8%、10.9%的家庭處於貧困線以下；三、四線城市家庭的貧困率相對更高，2015 年、2017 年

處於貧困線以下的家庭占比分別為 27.8%、22.6%。

表 9.1 中國家庭貧困率分佈的城市差異　　　　單位:%

| 城市 | 2015 年 | 2017 年 |
|---|---|---|
| 一線城市 | 8.5 | 4.1 |
| 二線城市 | 15.8 | 10.9 |
| 三、四線城市 | 27.8 | 22.6 |

圖 9.3 描述了中國家庭貧困率分佈的戶主年齡差異。可見，戶主年齡越高，其家庭貧困率也越高。戶主年齡在 16~30 週歲的家庭中，2015 年、2017 年分別有 12.0%、8.9% 的家庭處於貧困線以下；戶主年齡在 31~40 週歲的家庭中，2015 年、2017 年處於貧困線以下的家庭占比分別為 15.7%、12.3%；戶主年齡在 41~50 週歲的家庭中，2015 年、2017 年分別有 19.9%、15.6% 的家庭處於貧困線以下；戶主年齡在 51~60 週歲的家庭中，2015 年、2017 年分別有 21.4%、17.3% 的家庭處於貧困線以下；戶主年齡在 61 週歲及以上的家庭中，2015 年有 28.4% 的家庭處於貧困線以下，2017 年有 23.7% 的家庭處於貧困線以下。

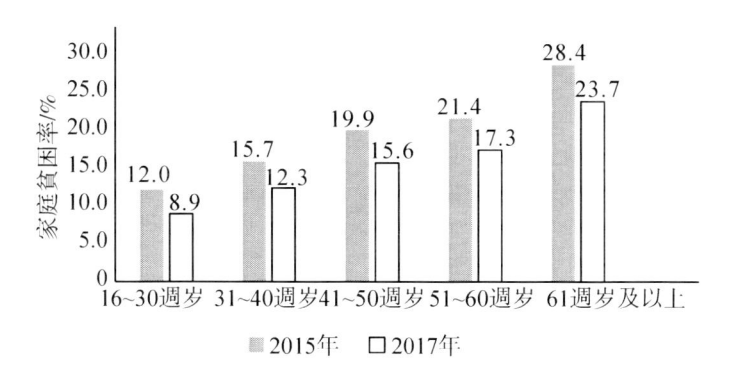

圖 9.3 中國家庭貧困率分佈的戶主年齡差異

表 9.2 描述了中國家庭貧困率分佈的戶主受教育水準差異。可見，戶主文化水準越低的家庭中，處於貧困線以下的占比越高。戶主為小學學歷、未上過學的家庭中，2015 年分別有 33.1%、45.3% 的家庭處於貧困線以下，2017 年分別有 28.0%、39.2% 的家庭處於貧困線以下；戶主為初中學歷的家庭中，2015 年、2017 年分別有 22.0%、16.8% 的家庭處於貧困線以下；戶主為高中/中專學歷的家庭中，2015 年、2017 年分別有 13.5%、9.6% 的家庭處於貧

困線以下；戶主為大專/本科學歷的家庭中，2015年、2017年分別有4.7%、3.1%的家庭處於貧困線以下；戶主為研究生學歷的家庭中，2015年、2017年分別有5.7%、0.7%的家庭處於貧困線以下。

表9.2　中國家庭貧困率分佈的戶主受教育水準差異　　　單位:%

| 戶主受教育水準 | 2015年 | 2017年 |
|---|---|---|
| 沒上過學 | 45.3 | 39.2 |
| 小學 | 33.1 | 28.0 |
| 初中 | 22.0 | 16.8 |
| 高中/中專 | 13.5 | 9.6 |
| 大專/本科 | 4.7 | 3.1 |
| 研究生 | 5.7 | 0.7 |

### 9.2.2　家庭人均收入分佈

圖9.4描述了中國家庭人均收入的分佈情況。可見，2015年、2017年全國家庭人均收入分別為20,968元、23,757元。分城鄉來看，城市地區家庭人均收入遠高於農村地區，2015年、2017年分別為28,160元、31,087元；農村地區2015年、2017年的家庭人均收入分別為8,990元、11,386元。

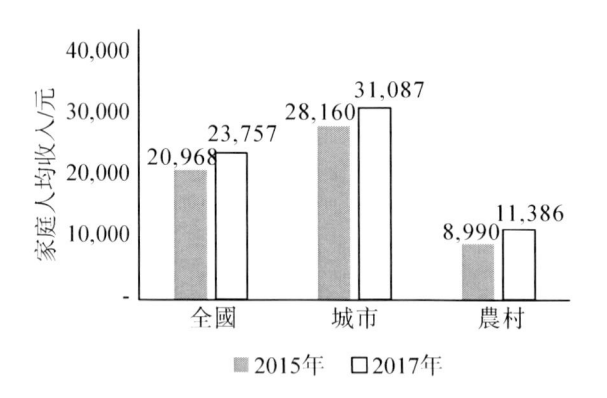

圖9.4　中國家庭人均收入的分佈情況

圖9.5描述了中國家庭人均收入分佈的地域差異。可見，東部地區家庭的人均收入高於中部地區和西部地區的家庭，2015年、2017年分別為25,136元、29,257元；中部地區2015年、2017年家庭人均收入分別為17,148元、18,310元；西部地區2015年、2017年家庭人均收入分別為17,293元、20,546元。

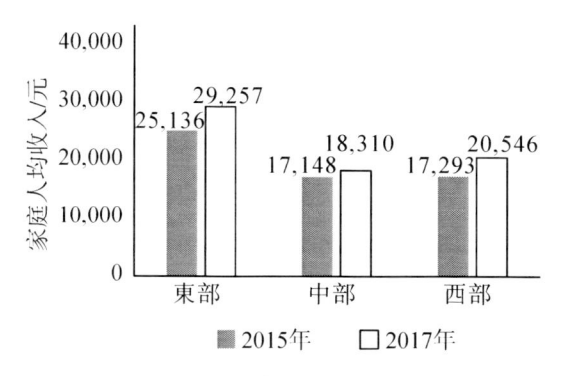

**圖 9.5 中國家庭人均收入分佈的地域差異**

圖 9.6 描述了中國家庭人均收入分佈的城市差異。從圖 9.6 可知，一線城市家庭的人均收入最高，2015 年、2017 年分別為 39,450 元、49,489 元；之後是二線城市，2015 年、2017 年人均收入分別為 27,130 元、30,790 元；三、四線城市相對較低，2015 年、2017 年人均收入分別為 14,303 元、16,950 元。

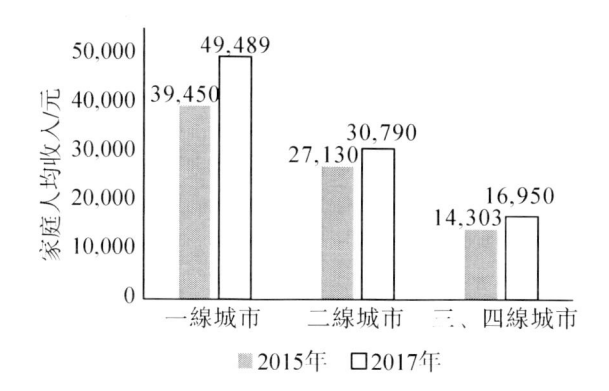

**圖 9.6 中國家庭人均收入分佈的城市差異**

表 9.3 描述了中國家庭人均收入分佈的戶主年齡差異。從表 9.3 可知，戶主年齡越小的家庭中人均收入水準也越高。2015 年，戶主年齡在 16~30 週歲的家庭人均收入為 39,792 元，2017 年為 50,361 元；戶主年齡在 61 週歲及以上的家庭中 2015 年的人均收入為 16,786 元，2017 年為 18,735 元。

表 9.3　中國家庭人均收入分佈的戶主年齡差異　　單位：元

| 戶主年齡 | 2015 年 | 2017 年 |
| --- | --- | --- |
| 16~30 週歲 | 39,792 | 50,361 |
| 31~40 週歲 | 27,568 | 32,595 |

9 金融素養與家庭貧困發生率

表9.3(續)

| 戶主年齡 | 2015 年 | 2017 年 |
|---|---|---|
| 41~50 週歲 | 20,787 | 22,401 |
| 51~60 週歲 | 18,179 | 21,006 |
| 61 週歲及以上 | 16,786 | 18,735 |

　　表9.4描述了中國家庭人均收入分佈的戶主受教育水準差異。從表9.4可知，戶主文化程度越高的家庭其人均收入水準也越高。戶主為未上過學、小學學歷的家庭中，2015年的人均收入分別為8,232元、10,642元，2017年的人均收入分別為10,549元、12,677元；戶主為大專/本科、研究生學歷的家庭中，2015年的人均收入分別為44,270元、76,996元，2017年的人均收入分別為51,008元、92,414元。

表9.4　中國家庭人均收入分佈的戶主受教育水準差異　　單位：元

| 戶主受教育水準 | 2015 年 | 2017 年 |
|---|---|---|
| 未上過學 | 8,232 | 10,549 |
| 小學 | 10,642 | 12,677 |
| 初中 | 16,365 | 19,042 |
| 高中/中專 | 25,306 | 27,950 |
| 大專/本科 | 44,270 | 51,008 |
| 研究生 | 76,996 | 92,414 |

## 9.3　金融素養對家庭貧困發生的影響實證分析

### 9.3.1　描述性統計分析

　　圖9.7描述了金融素養與家庭貧困率之間的分佈情況。可見，金融素養水準越高的家庭中處於貧困線以下的比例越低。較低金融素養水準的家庭中，2015年、2017年分別有34.3%、30.7%的家庭處於貧困線以下；中等金融素養水準的家庭中，2015年、2017年分別有21.8%、18.0%的家庭處於貧困線以下；較高金融素養水準的家庭中，2015年、2017年分別有9.5%、8.5%的

家庭處於貧困線以下。

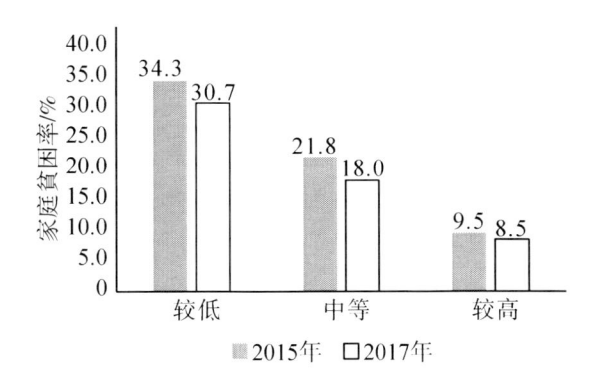

**圖 9.7 金融素養與家庭貧困率之間的分佈情況**

表9.5描述了金融素養與家庭人均收入的分佈情況。從表9.5中的數據可知，金融素養水準越高的家庭其人均收入水準也越高。2015年，較低金融素養水準的家庭其人均收入為11,453元，中等金融素養水準的家庭其人均收入為17,035元，較高金融素養水準的家庭其人均收入為29,775元；2017年，金融素養水準較低、中等、較高的家庭其人均收入分別為11,979元、18,733元、31,380元。

**表 9.5 金融素養與家庭人均收入的分佈情況**　　單位：元

| 金融素養水準 | 2015 年 | 2017 年 |
| --- | --- | --- |
| 較低 | 11,453 | 11,979 |
| 中等 | 17,035 | 18,733 |
| 較高 | 29,775 | 31,380 |

### 9.3.2　計量分析

#### 9.3.2.1　模型設定

本部分首先探討家庭貧困率問題，採用 Probit 模型來進行迴歸分析，模型設定如下：

$$\text{Poverty}_{it} = \text{prob}(\alpha_0 + \alpha_1 \times \text{Literacy}_{i,t-2} + \beta X + \varepsilon_{it}) \tag{9.1}$$

在公式（9.1）中，poverty$_{it}$為二元離散變量，表示家庭 $i$ 在 $t$ 年是否為貧困家庭，是則賦值為 1，否則賦值為 0。Literacy$_{it}$為關注變量家庭的金融素養水準，考慮到內生性問題，此處採用的是滯後兩年的數據。$\alpha_1$代表金融素養對家

庭貧困率影響的邊際效應。$X$為其他控制變量，包括家庭特徵和地域特徵等。$\varepsilon$為殘差項，代表不可觀測的其他因素。

其次，本部分探討了家庭的新增貧困、返貧和脫貧問題。模型設定如下：

$$\text{New\_Poverty}_{it} = \text{prob}(\alpha_0 + \alpha_1 \times \text{Literacy}_{i-2} + \beta X + \varepsilon_{it}) \quad (9.2)$$

$$\text{Back\_Poverty}_i = \text{prob}(\alpha_0 + \alpha_1 \times \text{Literacy}_{i-2} + \beta X + \varepsilon_i) \quad (9.3)$$

$$\text{Out\_Poverty}_{it} = \text{prob}(\alpha_0 + \alpha_1 \times \text{Literacy}_{i-2} + \beta X + \varepsilon_{it}) \quad (9.4)$$

在公式（9.2）中，$\text{New\_Poverty}_{it}$表示家庭是否為新增的貧困家庭，即若在$t-2$期為非貧困家庭、在$t$期為貧困家庭，則賦值為1，否則賦值為0。在公式（9.3）中，$\text{Back\_Poverty}_i$表示家庭是否在2017年重返貧困，注意此處採用的樣本為2013年為貧困家庭、2015年為非貧困家庭的2017年家庭數據。在公式（9.4）中，$\text{Out\_Poverty}_i$表示家庭在$t$期是否脫貧，即若在$t-2$期為貧困家庭、在$t$期為非貧困家庭，則賦值為1，否則賦值為0。

最後，本部分還探討了金融素養對家庭人均收入的影響，採用以下迴歸模型進行：

$$\log(\text{Per Capita Income})_{it} = \text{prob}(\alpha_0 + \alpha_1 \times \text{Literacy}_{i-2} + \beta X + \varepsilon_{it}) \quad (9.5)$$

在公式（9.5）中，$\log(\text{Per Capita Income})_{it}$表示家庭的人均年收入的對數，Literacy代表家庭的金融素養水準，$\alpha_1$衡量金融素養對家庭人均收入的邊際影響，$X$為一系列其他控制變量，$\varepsilon$為殘差項。

9.3.2.2　變量選取

第一，被解釋變量。

家庭貧困率：本部分主要考察金融素養對家庭貧困率的影響。學術界對於貧困線通常有國際標準和國家標準之分，國際標準主要為世界銀行以1993年的不變價衡量而設定的每人每天收入1.08美元和2.15美元；國家標準為政府設立的扶貧標準，按2010年不變價計算為農民人均年收入2,300元，2015年現價脫貧標準為2,855元，2017年為3,300元。本書使用的是國家扶貧標準，沒有區分城市和農村。具體而言，對於2015年的數據，若家庭人均年收入在2,855元以下，則定義為貧困家庭，取值為1，否則取值為0；對於2017年的數據，若家庭人均年收入在3,300元以下，則定義為貧困家庭，取值為1，否則取值為0。

第二，其他控制變量。

在計量迴歸分析中，本部分還控制了以下可能會影響家庭貧困率的變量：①家庭人口學特徵，包括戶主年齡（考慮到年齡可能的非線性影響，迴歸中還加入了年齡的平方）、戶主性別（男性賦值為1，女性賦值為0）、戶主受教

育年限（未上過學為0，小學為6年，初中為9年，高中/中專為12年，大專為15年，本科為16年，研究生為19年）、戶主婚姻狀況（已婚賦值為1，其他賦值為0）；②家庭特徵，包括家庭規模、健康狀況（家庭成員中是否有身體狀況不好的成員）、家庭少兒撫養比、家庭老年撫養比；③地域特徵，包括城鄉（農村賦值為1，城市賦值為0）、家庭所在省份人均GDP。此外，還控制了省份固定效應。表9.6展示了主要變量的描述性統計。

表9.6　主要變量的描述性統計

| 變量 | 樣本量 | 均值 | 標準差 | 最小值 | 最大值 |
| --- | --- | --- | --- | --- | --- |
| 金融素養水準 | 36,058 | 0.004 | 0.941 | -1.254 | 1.546 |
| 家庭貧困率 | 36,058 | 0.181 | 0.385 | 0 | 1.0 |
| 家庭人均收入/萬元 | 36,058 | 2.065 | 2.883 | 0 | 65.05 |
| 戶主年齡 | 36,058 | 52.22 | 11.84 | 25 | 86 |
| 戶主為男性 | 36,058 | 0.804 | 0.397 | 0 | 1 |
| 戶主受教育年限 | 36,058 | 9.184 | 3.917 | 0 | 19 |
| 戶主已婚 | 36,058 | 0.856 | 0.351 | 0 | 1 |
| 少兒撫養比 | 36,058 | 0.267 | 0.383 | 0 | 6 |
| 老年扶養比 | 36,058 | 0.266 | 0.480 | 0 | 10 |
| 家庭人口數 | 36,058 | 4.353 | 1.888 | 1 | 24 |
| 家中有不健康成員 | 36,058 | 0.167 | 0.373 | 0 | 1 |
| 農村 | 36,058 | 0.380 | 0.485 | 0 | 1 |
| 省人均GDP/萬元 | 36,058 | 5.987 | 2.500 | 2.617 | 12.90 |

9.3.2.3　計量迴歸結果

第一，金融素養對家庭貧困發生率的影響。

表9.7描述了金融素養對家庭貧困發生率的影響結果。其中，第（1）列為未加入控制變量的家庭，可見，金融素養的系數為-0.086，在1%的水準上顯著為負，體現了金融素養對家庭貧困發生率的負向影響；第（2）列加入省份固定效應後，系數依然顯著為負；第（3）列加入了家庭和地域等控制變量，金融素養的系數為-0.030，雖然系數值有所降低，但依然在1%的水準上顯著為負，說明金融素養水準的提高能顯著降低家庭為貧困家庭的概率，這體現出了金融素養的普惠性作用。

從控制變量上看，戶主受教育年限對家庭貧困率具有顯著的負向影響，戶主受教育年限越高，家庭貧困率越低；少兒撫養比和老年撫養比對家庭貧困率具有顯著的正向影響，家庭少兒撫養比和老年撫養比越高，家庭為貧困家庭的概率越高；此外，家庭人口數越多，家庭貧困率越高，家中有不健康成員對於家庭貧困率也具有顯著的正向影響。農村地區家庭貧困率更高。

表9.7　金融素養對家庭貧困發生率的影響結果

| 變量 | (1) | (2) | (3) |
| --- | --- | --- | --- |
| 金融素養水準 | -0.091*** (0.002) | -0.080*** (0.002) | -0.032*** (0.002) |
| 戶主年齡 | | | -0.002 (0.001) |
| 戶主年齡的平方 | | | 0.002 (0.001) |
| 戶主為男性 | | | 0.035*** (0.005) |
| 戶主受教育年限 | | | -0.012*** (0.001) |
| 戶主已婚 | | | -0.008 (0.006) |
| 少兒撫養比 | | | 0.043*** (0.005) |
| 老年扶養比 | | | 0.020*** (0.005) |
| 家庭規模 | | | 0.011*** (0.001) |
| 家中有不健康成員 | | | 0.051*** (0.005) |
| 農村 | | | 0.108*** (0.004) |
| 省人均GDP/萬元 | | | -0.088*** (0.023) |
| 省份固定效應 | N | Y | Y |
| $N$ | 36,058 | 36,058 | 36,058 |
| pseudo $R^2$ | 0.054 | 0.082 | 0.155 |

表9.8從城鄉差異上考察了金融素養對家庭貧困率影響的異質性。其中，第（1）列、第（2）列分別為農村地區樣本和城市地區樣本的迴歸結果。從表9.8中的數據可知，金融素養對農村地區和城市地區樣本家庭的貧困率均具有顯著的負向影響。第（3）列為加入金融素養和農村變量交叉項的迴歸結果，可見，交叉項的系數顯著為正，這說明金融素養對家庭貧困率的緩解效應在城市地區更明顯一些。

表9.8 金融素養對家庭貧困率影響的異質性（城鄉差異）

| 變量 | （1）農村 | （2）城市 | （3）全國 |
| --- | --- | --- | --- |
| 金融素養水準 | -0.034*** (0.005) | -0.029*** (0.003) | -0.039*** (0.003) |
| 金融素養×農村 | | | 0.012*** (0.004) |
| 戶主年齡 | -0.009*** (0.003) | 0.000 (0.001) | -0.002* (0.001) |
| 戶主年齡的平方 | 0.010*** (0.003) | -0.001 (0.001) | 0.002* (0.001) |
| 戶主為男性 | 0.046*** (0.013) | 0.022*** (0.004) | 0.034*** (0.005) |
| 戶主受教育年限 | -0.014*** (0.001) | -0.011*** (0.001) | -0.012*** (0.001) |
| 戶主已婚 | -0.004 (0.013) | -0.013** (0.006) | -0.008 (0.006) |
| 少兒撫養比 | 0.070*** (0.010) | 0.034*** (0.007) | 0.043*** (0.005) |
| 老年扶養比 | 0.053*** (0.011) | 0.004 (0.005) | 0.020*** (0.005) |
| 家庭規模 | 0.015*** (0.002) | 0.013*** (0.002) | 0.011*** (0.001) |
| 家中有不健康成員 | 0.074*** (0.010) | 0.056*** (0.007) | 0.052*** (0.005) |
| 農村 | | | 0.111*** (0.004) |

表9.8(續)

| 變量 | （1）<br>農村 | （2）<br>城市 | （3）<br>全國 |
|---|---|---|---|
| 省人均GDP/萬元 | -0.115**<br>(0.048) | -0.065***<br>(0.024) | -0.087***<br>(0.023) |
| N | 13,689 | 22,369 | 36,058 |
| pseudoR$^2$ | 0.081 | 0.075 | 0.155 |

第二，金融素養和家庭貧困率的動態變化。

本部分還考察了金融素養對家庭貧困率動態變化的影響。首先，我們分別以兩年面板為基期考察金融素養對新增貧困家庭的影響，即使用2013年和2015年以及2015年和2017年的面板數據。2015年樣本主要是在2013年為非貧困家庭的樣本，2017年樣本主要是在2015年為非貧困家庭的樣本，若家庭在2013年為非貧困家庭、在2015年為貧困家庭，或者家庭在2015年為非貧困家庭、在2017年為貧困家庭，則取值為1，否則取值為0，迴歸結果如第（1）列所示。可見，金融素養的系數顯著為負，說明金融素養顯著降低了非貧困家庭成為貧困家庭的可能性。

其次，我們採用2013年、2015年、2017年這三年的面板數據分析金融素養對家庭返貧的影響，即在2013年為貧困家庭、2015年為非貧困家庭的2017年的家庭樣本數據。若家庭在2013年為貧困家庭、在2015年為非貧困家庭、在2017年為貧困家庭，則取值為1；若家庭在2013年為貧困家庭、在2015年為非貧困家庭、在2017年也為非貧困樣本，則取值為0。迴歸結果如第（2）列所示。可知，金融素養的系數顯著為負，說明金融素養水準的提高顯著降低了家庭返貧的概率。

最後，我們考察了金融素養對脫貧的影響，同樣使用2013年和2015年以及2015年和2017年的面板數據。2015年樣本主要是在2013年為貧困家庭的樣本，2017年樣本主要是在2015年為貧困家庭的樣本，若家庭在2013年為貧困家庭、在2015年為非貧困家庭，或者家庭在2015年為貧困家庭、在2017年為非貧困家庭，則取值為1，否則取值為0，迴歸結果如第（3）列所示。從數據可知，金融素養的系數顯著為正，說明金融素養水準的提高有助於家庭脫離貧困線。金融素養和家庭貧困率的動態變化見表9.9。

表9.9 金融素養和家庭貧困率的動態變化

| 變量 | （1）新增貧困 | （2）返貧 | （3）脫貧 |
| --- | --- | --- | --- |
| 金融素養水準 | -0.025*** (0.002) | -0.040*** (0.014) | 0.026*** (0.007) |
| 戶主年齡 | -0.002* (0.001) | 0.004 (0.008) | 0.000 (0.004) |
| 戶主年齡的平方 | 0.002 (0.001) | -0.002 (0.007) | -0.002 (0.003) |
| 戶主為男性 | 0.029*** (0.005) | 0.036 (0.036) | -0.031* (0.016) |
| 戶主受教育年限 | -0.010*** (0.001) | -0.011*** (0.004) | 0.012*** (0.002) |
| 戶主已婚 | -0.007 (0.006) | -0.102** (0.040) | 0.003 (0.016) |
| 少兒撫養比 | 0.026*** (0.005) | 0.031 (0.028) | -0.067*** (0.012) |
| 老年扶養比 | 0.009** (0.004) | 0.037 (0.025) | -0.053*** (0.016) |
| 家庭規模 | 0.010*** (0.001) | 0.016*** (0.006) | -0.016*** (0.003) |
| 家中有不健康成員 | 0.034*** (0.005) | 0.018 (0.030) | -0.089*** (0.013) |
| 農村 | 0.094*** (0.004) | 0.076*** (0.026) | -0.092*** (0.012) |
| 省人均GDP/萬元 | -0.135*** (0.023) | -0.140 (0.170) | 0.039 (0.070) |
| N | 28,820 | 1,288 | 7,238 |
| pseudo $R^2$ | 0.142 | 0.092 | 0.087 |

第三，機制分析。

首先，金融素養和家庭人均收入。

本部分對金融素養影響家庭貧困率的機制進行分析。我們首先從家庭人均收入的角度探討。表9.10描述了金融素養對家庭人均收入的影響，其中第（1）列為全樣本的基準迴歸。從數據可知，金融素養的系數顯著為正，說明

金融素養顯著促進了家庭人均收入的增長。第（2）列、第（3）列分別為農村地區樣本和城市地區樣本的迴歸結果，可見，金融素養對農村地區家庭和城市地區家庭的人均收入均具有顯著的正向影響，但城市地區樣本的系數值略高。第（4）列加入了金融素養和農村地區的交叉項，可見交互項的系數顯著為負，說明金融素養更多地促進了城市地區家庭的收入增長。

表9.10　金融素養對家庭人均收入的影響

| 變量 | （1）全國 | （2）農村 | （3）城市 | （4）全國 |
|---|---|---|---|---|
| 金融素養水準 | 0.191***<br>(0.008) | 0.156***<br>(0.014) | 0.198***<br>(0.010) | 0.210***<br>(0.009) |
| 金融素養×農村 | | | | -0.050***<br>(0.016) |
| 戶主年齡 | -0.008*<br>(0.004) | 0.036***<br>(0.009) | -0.025***<br>(0.005) | -0.007*<br>(0.004) |
| 戶主年齡的平方 | 0.009**<br>(0.004) | -0.036***<br>(0.009) | 0.028***<br>(0.004) | 0.008*<br>(0.004) |
| 戶主為男性 | -0.109***<br>(0.016) | -0.161***<br>(0.041) | -0.076***<br>(0.017) | -0.108***<br>(0.016) |
| 戶主受教育年限 | 0.080***<br>(0.002) | 0.052***<br>(0.004) | 0.093***<br>(0.003) | 0.080***<br>(0.002) |
| 戶主已婚 | 0.018<br>(0.020) | 0.037<br>(0.039) | 0.024<br>(0.022) | 0.018<br>(0.020) |
| 少兒撫養比 | -0.275***<br>(0.020) | -0.288***<br>(0.031) | -0.234***<br>(0.026) | -0.276***<br>(0.020) |
| 老年扶養比 | -0.075***<br>(0.017) | -0.145***<br>(0.033) | -0.029<br>(0.019) | -0.075***<br>(0.017) |
| 家庭規模 | -0.105***<br>(0.004) | -0.081***<br>(0.007) | -0.128***<br>(0.006) | -0.104***<br>(0.004) |
| 家中有不健康成員 | -0.300***<br>(0.020) | -0.294***<br>(0.029) | -0.307***<br>(0.026) | -0.302***<br>(0.020) |
| 農村 | -0.523***<br>(0.017) | | | -0.534***<br>(0.017) |
| 省人均GDP/萬元 | 0.155***<br>(0.012) | 0.238***<br>(0.026) | 0.120***<br>(0.012) | 0.154***<br>(0.012) |
| $N$ | 36,058 | 13,689 | 22,369 | 36,058 |
| adj. $R^2$ | 0.296 | 0.124 | 0.249 | 0.296 |

本部分還對金融素養對家庭人均收入的影響進行了分位數迴歸，結果如表9.11所示。其中，第（1）列、第（2）列、第（3）列、第（4）列、第（5）列分別為10分位數、25分位數、50分位數、75分位數和90分位數的迴歸結果。從表9.11的數據可知，金融素養對在各個分位數上的迴歸係數均顯著為正，說明金融素養對各個收入水準的家庭收入均具有一定的促進作用。此外，較低分位數的迴歸係數大於較高分位數的迴歸係數，說明金融素養對較低收入水準家庭的收入促進的邊際貢獻更大，這也體現出了金融素養有使收入差距縮小的作用。

表9.11 金融素養對家庭人均收入影響的分位數迴歸

| 變量 | （1）Q10 | （2）Q25 | （3）Q50 | （4）Q75 | （5）Q90 |
| --- | --- | --- | --- | --- | --- |
| 金融素養水準 | 0.274*** (0.021) | 0.203*** (0.012) | 0.172*** (0.008) | 0.150*** (0.007) | 0.153*** (0.009) |
| 戶主年齡 | 0.018* (0.010) | -0.002 (0.006) | -0.016*** (0.004) | -0.022*** (0.004) | -0.025*** (0.004) |
| 戶主年齡的平方 | -0.012 (0.010) | 0.002 (0.006) | 0.016*** (0.004) | 0.021*** (0.003) | 0.023*** (0.004) |
| 戶主為男性 | -0.232*** (0.044) | -0.085*** (0.025) | -0.065*** (0.016) | -0.068*** (0.015) | -0.042** (0.018) |
| 戶主受教育年限 | 0.124*** (0.005) | 0.098*** (0.003) | 0.077*** (0.002) | 0.066*** (0.002) | 0.057*** (0.002) |
| 戶主已婚 | 0.059 (0.050) | 0.030 (0.028) | 0.032* (0.018) | -0.002 (0.017) | -0.018 (0.021) |
| 少兒撫養比 | -0.338*** (0.048) | -0.217*** (0.027) | -0.220*** (0.018) | -0.255*** (0.016) | -0.266*** (0.020) |
| 老年扶養比 | -0.053 (0.041) | -0.051** (0.023) | -0.075*** (0.015) | -0.084*** (0.014) | -0.110*** (0.017) |
| 家庭規模 | -0.117*** (0.010) | -0.126*** (0.006) | -0.112*** (0.004) | -0.100*** (0.003) | -0.100*** (0.004) |
| 家中有不健康成員 | -0.434*** (0.047) | -0.388*** (0.027) | -0.274*** (0.017) | -0.227*** (0.016) | -0.228*** (0.019) |
| 農村 | -0.922*** (0.040) | -0.768*** (0.023) | -0.457*** (0.015) | -0.325*** (0.014) | -0.278*** (0.017) |

表9.11(續)

| 變量 | (1) Q10 | (2) Q25 | (3) Q50 | (4) Q75 | (5) Q90 |
|---|---|---|---|---|---|
| 省人均GDP/萬元 | 0.279*** (0.031) | 0.165*** (0.018) | 0.117*** (0.011) | 0.097*** (0.011) | 0.086*** (0.013) |
| N | 36,058 | 36,058 | 36,058 | 36,058 | 36,058 |
| adj. $R^2$ | 0.183 | 0.201 | 0.200 | 0.197 | 0.193 |

其次，金融素養和家庭工商業生產經營。

本部分認為，金融素養可能會促進家庭的工商業生產經營，從而影響家庭的收入來源，有助於家庭脫離貧困。表9.12描述了金融素養對家庭工商業生產經營的結果。其中，第（1）列為全樣本下的基準迴歸結果，可見，金融素養的係數顯著為正，說明金融素養有效提高了家庭開展工商業生產經營的可能性。第（2）列、第（3）列分別為農村地區樣本和城市地區樣本的迴歸結果，從數據可知，金融素養對於農村地區家庭和城市地區家庭的工商業生產經營概率均具有顯著的正向影響。

表9.12 金融素養對家庭工商業生產經營的結果

| 變量 | (1) 全國 | (2) 農村 | (3) 城市 |
|---|---|---|---|
| 金融素養水準 | 0.023*** (0.002) | 0.023*** (0.003) | 0.026*** (0.003) |
| 戶主年齡 | -0.001 (0.001) | -0.001 (0.002) | -0.002 (0.002) |
| 戶主年齡的平方 | -0.002 (0.001) | -0.000 (0.002) | -0.002 (0.002) |
| 戶主為男性 | 0.023*** (0.005) | 0.006 (0.010) | 0.026*** (0.006) |
| 戶主受教育年限 | -0.005*** (0.001) | 0.005*** (0.001) | -0.010*** (0.001) |
| 戶主已婚 | 0.010* (0.006) | -0.007 (0.009) | 0.015* (0.008) |
| 少兒撫養比 | 0.004 (0.005) | -0.003 (0.007) | 0.013 (0.008) |

表9.12(續)

| 變量 | (1)<br>全國 | (2)<br>農村 | (3)<br>城市 |
|---|---|---|---|
| 老年扶養比 | -0.030***<br>(0.005) | -0.018**<br>(0.008) | -0.035***<br>(0.007) |
| 家庭規模 | 0.016***<br>(0.001) | 0.011***<br>(0.001) | 0.021***<br>(0.002) |
| 家中有不健康成員 | -0.053***<br>(0.006) | -0.037***<br>(0.007) | -0.060***<br>(0.009) |
| 農村 | -0.103***<br>(0.005) | —— | —— |
| 省人均GDP/萬元 | -0.020***<br>(0.004) | -0.016***<br>(0.006) | -0.022***<br>(0.005) |
| $N$ | 36,058 | 13,689 | 22,369 |
| pseudo $R^2$ | 0.061 | 0.058 | 0.055 |

## 9.4 本章小結

　　本章主要關注了金融素養對家庭貧困發生率的影響，同時對中國家庭貧困率的現狀進行了描述。從描述性統計來看，中國的家庭貧困率水準在逐年降低，且農村地區家庭的貧困率水準遠高於城市地區的家庭，金融素養高的家庭其貧困率水準越低。從計量分析結果來看，首先，金融素養顯著降低了家庭貧困率；其次，從貧困率的動態變化來看，金融素養顯著降低了家庭成為貧困家庭和重新返回為貧困家庭的概率，且顯著增加了家庭脫離貧困線的概率。此外，從機制分析來看，一方面金融素養對家庭人均收入具有顯著的促進作用，且分位數迴歸結果表明金融素養對低收入家庭的收入促進的邊際效應更大；另一方面金融素養還顯著促進了家庭開展工商業生產經營的可能性。本部分的分析表明，金融素養水準的提高對於消除家庭貧困起著重要作用。

# 10　總結

　　本書利用中國家庭金融調查 2013 年、2015 年和 2017 年的數據，對中國家庭金融素養情況進行了分析，並進一步探討了金融素養對家庭經濟金融行為的影響。

　　首先，基於調查問卷中的存款利率計算、通貨膨脹概念理解以及金融產品投資風險辨別這三個問題，本書採用因子分析法構建了家庭金融素養指標。從中國家庭金融素養的基本情況來看，總體而言中國家庭的金融素養缺乏現象還較為嚴重，但逐年有所提升，2013 年家庭金融素養平均水準為 -0.067，2015 年為 0.003。從城鄉來看，城市地區家庭的金融素養水準明顯高於農村地區家庭；從地域來看，東部地區、中部地區、西部地區家庭的金融素養水準依次降低；從城市來看，相對於三、四線城市，一二線城市家庭的金融素養水準明顯更高；從年齡來看，隨著戶主年齡的增加，家庭的金融素養水準逐漸降低；從受教育水準來看，戶主受教育水準越高的家庭其金融素養水準也越高；從性別來看，平均而言，戶主為女性的家庭的金融素養水準略高於戶主為男性的家庭；從收入來看，收入越高的家庭其平均金融素養水準也越高；從財富來看，家庭財富水準越高，其金融素養水準也越高。

　　其次，從金融素養對家庭經濟金融行為的影響來看。①在家庭資產配置方面。目前中國家庭的風險金融市場參與率還不高，2015 年為 17.1%，2017 年有所下降，為 15.1%。實證分析表明，金融素養能有效提升家庭的風險金融市場參與率，對於股票、基金、理財等具體的金融市場參與率都有一定的促進作用。此外，金融素養還能顯著增加家庭的投資種類，提升投資分散度。②在家庭信貸行為方面。2017 年中國家庭中擁有正規信貸的比例為 15.6%，擁有非正規信貸的家庭占比為 15.5%。實證分析表明，金融素養能顯著提高家庭正規信貸獲得的可能性以及正規信貸額，降低家庭的非正規信貸獲得的可能性以及非正規信貸額。此外，金融素養對於家庭的信貸結構也有一定影響，會促進家庭的正規信貸占比。③在家庭數字金融使用方面。中國家庭中使用數字支付的

比例為31.3%，持有互聯網理財的占比為8.1%，有互聯網信貸的占比為5.8%。實證結果顯示，家庭金融素養的提高能顯著提升家庭使用數字支付、持有互聯網理財和互聯網信貸的概率，尤其是財富處於中低水準的家庭以及農村地區家庭。④在家庭創業和小微企業發展方面。當前中國家庭創業的比例還不高，2017年有14.3%的家庭從事工商業生產經營。實證結果表明，金融素養對於家庭的創業行為具有顯著的促進作用（尤其是主動型創業）。此外，金融素養還能有效提升家庭自營工商業盈利的概率、推動工商業規模的擴大以及增加工商業收入。⑤在家庭消費方面，近年來中國家庭的消費水準逐年上升，平均消費水準從2013年的4.6萬元上升到2017年的5.8萬元。實證結果表明，金融素養會顯著提升家庭的消費率和消費支出，降低家庭儲蓄率，並且這一消費促進作用在年齡較大、受教育水準較低以及農村地區家庭中表現得更為明顯。⑥在家庭保險方面。目前中國家庭的商業保險市場參與率還較低，2017年有15.2%的家庭購買了商業保險。從實證結果來看，金融素養能顯著促進家庭的商業保險市場參與，尤其是對於處於城市地區、東部地區、一二線城市、較高財富水準、較高收入水準和較高受教育水準的家庭。此外，金融素養對於家庭的保費支出金額和保費支出占總收入比重也均具有顯著的正向影響。⑦在家庭財富增長方面。近年來中國家庭的財富處於增長趨勢，全國家庭資產平均值從2013年的69.0萬元增長到2017年的115.4萬元。實證結果顯示，金融素養顯著促進了家庭的財富增長，並且這一影響在農村地區、低受教育水準以及戶主年齡在40週歲以上的家庭中表現得更為明顯。此外，金融素養顯著促進了家庭的金融資產配置，降低了家庭的非金融資產配置。⑧在家庭貧困發生率方面。當前中國還存在一定比例的貧困家庭，但逐年有所降低，2017年有17.6%的家庭處於國家貧困線以下。從實證結果來看，金融素養顯著降低了家庭貧困的發生率。此外，從貧困的動態變化來看，金融素養顯著降低了家庭成為貧困家庭和重新返回為貧困家庭的概率，並且增加了家庭脫離貧困的概率。

總體來看，較高的金融素養對家庭經濟金融行為產生了重要的積極影響。因此，政府應進一步加大對居民普及金融知識的力度，提升其金融素養水準，尤其是對於低收入、低受教育水準和農村地區的人群，以提高其家庭多方面的福利水準。

# 參考文獻

白重恩，李宏彬，吳斌珍，2012. 醫療保險與消費：來自新型農村合作醫療的證據 [J]. 經濟研究，47（2）：41-53.

北京大學數字金融研究中心課題組，2018. 數字金融的力量：為實體經濟賦能 [M]. 北京：中國人民大學出版社.

曾志耕，等，2015. 金融知識與家庭投資組合多樣性 [J]. 經濟學家（6）：86-94.

陳斌開，楊汝岱，2013. 土地供給、住房價格與中國城鎮居民儲蓄 [J]. 經濟研究，48（1）：110-122.

陳東，劉金東，2013. 農村信貸對農村居民消費的影響：基於狀態空間模型和仲介效應檢驗的長期動態分析 [J]. 金融研究（6）：160-172.

程令國，張曄，2011. 早年的饑荒經歷影響了人們的儲蓄行為嗎？對中國居民高儲蓄率的一個新解釋 [J]. 經濟研究，46（8）：119-132.

程名望，史清華，徐劍俠，2006. 中國農村勞動力轉移動因與障礙的一種解釋 [J]. 經濟研究，41（4）：68-78.

單德朋，2019. 金融素養與城市貧困 [J]. 中國工業經濟，373（4）：138-156.

董麗霞，趙文哲，2011. 人口結構與儲蓄率：基於內生人口結構的研究 [J]. 金融研究（3）：1-14.

樊綱治，王宏揚，2015. 家庭人口結構與家庭商業人身保險需求：基於中國家庭金融調查（CHFS）數據的實證研究 [J]. 金融研究（7）：170-189.

樊麗明，解堊，2014. 公共轉移支付減少了貧困脆弱性嗎？[J]. 經濟研究，49（8）：67-78.

甘犁，等，2013. 中國家庭資產狀況及住房需求分析 [J]. 金融研究（4）：1-14.

甘犁，2015. 中國家庭金融調查報告2014 [M]. 成都：西南財經大學出

版社.

郭品, 沈悅, 2015. 互聯網金融加重了商業銀行的風險承擔嗎？來自中國銀行業的經驗證據 [J]. 南開經濟研究 (4): 80-97.

何婧, 李慶海, 2019. 數字金融使用與農戶創業行為 [J]. 中國農村經濟 (1): 112-126.

何石軍, 黃桂田, 2013. 代際網絡、父輩權力與子女收入：基於中國家庭動態跟蹤調查數據的分析 [J]. 經濟科學 (4): 65-78.

何興強, 李濤, 2009. 社會互動、社會資本和商業保險購買 [J]. 金融研究 (2): 116-132.

何興強, 史衛, 周開國, 2009. 背景風險與居民風險金融資產投資 [J]. 經濟研究, 44 (12): 119-130.

胡楓, 陳玉宇, 2012. 社會網絡與農戶借貸行為：來自中國家庭動態跟蹤調查 (CFPS) 的證據 [J]. 金融研究 (12): 178-192.

黃益平, 黃卓, 2018. 中國的數字金融發展：現在與未來 [J]. 經濟學 (季刊), 17 (4): 1489-1502.

黃宇虹, 黃霖, 2019. 金融知識與小微企業創新意識、創新活力：基於中國小微企業調查 (CMES) 的實證研究 [J]. 金融研究, 466 (4): 153-171.

黃祖輝, 劉西川, 程恩江, 2009. 貧困地區農戶正規信貸市場低參與程度的經驗解釋 [J]. 經濟研究, 44 (4): 116-128.

金燁, 李宏彬, 吳斌珍, 2011. 收入差距與社會地位尋求：一個高儲蓄率的原因 [J]. 經濟學 (季刊), 10 (3): 887-912.

金燁, 李宏彬, 2009. 非正規金融與農戶借貸行為 [J]. 金融研究 (4): 63-79.

雷曉燕, 周月剛, 2010. 中國家庭的資產組合選擇：健康狀況與風險偏好 [J]. 金融研究 (1): 31-45.

李宏彬, 等, 2009. 企業家的創業與創新精神對中國經濟增長的影響 [J]. 經濟研究, 44 (10): 99-108.

李繼尊, 2015. 關於互聯網金融的思考 [J]. 管理世界 (7): 1-7, 16.

李濤, 郭杰, 2009. 風險態度與股票投資 [J]. 經濟研究, 44 (2): 56-67.

李濤, 2006. 社會互動與投資選擇 [J]. 經濟研究 (8): 45-57.

李揚, 殷劍峰, 2007. 中國高儲蓄率問題探究：1992—2003年中國資金流量表的分析 [J]. 經濟研究 (6): 14-26.

劉建國，1999. 中國農戶消費傾向偏低的原因分析［J］. 經濟研究（3）：54-60，67.

劉坤坤，萬全，黃毅，2012. 居民人身保險消費行為及其影響因素分析：基於粵東四市人身保險消費行為調查［J］. 保險研究（8）：53-59.

龍志和，周浩明，2000. 中國城鎮居民預防性儲蓄實證研究［J］. 經濟研究（11）：33-38，79.

繆小明，李森，2006. 科技型企業家人力資本與企業成長性研究［J］. 科學學與科學技術管理，27（2）：126-131.

蒲成毅，潘小軍，2012. 保險消費促進經濟增長的行為金融機理研究［J］. 經濟研究，47（A1）：139-147.

齊天翔，2000. 經濟轉軌時期的中國居民儲蓄研究：兼論不確定性與居民儲蓄的關係［J］. 經濟研究（9）：25-33.

任若恩，覃筱，2006. 中美兩國可比居民儲蓄率的計量：1992—2001［J］. 經濟研究（3）：67-81，102.

宋全雲，肖靜娜，尹志超，2019. 金融知識視角下中國居民消費問題研究［J］. 經濟評論，215（1）：135-149.

宋全雲，吳雨，尹志超，2017. 金融知識視角下的家庭信貸行為研究［J］. 金融研究（6）：95-110.

宋曉玲，2017. 數字普惠金融縮小城鄉收入差距的實證檢驗［J］. 財經科學（6）：14-25.

譚燕芝，彭千芮，2019. 金融能力、金融決策與貧困［J］. 經濟理論與經濟管理（2）：62-77.

萬廣華，張茵，牛建高，2001. 流動性約束、不確定性與中國居民消費［J］. 經濟研究（11）：35-44，94.

萬廣華，張茵，2006. 收入增長與不平等對中國貧困的影響［J］. 經濟研究，41（6）：112-123.

汪昌雲，鐘騰，鄭華懋，2014. 金融市場化提高了農戶信貸獲得嗎？基於農戶調查的實證研究［J］. 經濟研究，49（10）：33-45，178.

王弟海，2012. 健康人力資本、經濟增長和貧困陷阱［J］. 經濟研究，47（6）：143-155.

王冀寧，趙順龍，2007. 外部性約束、認知偏差、行為偏差與農戶貸款困境：來自716戶農戶貸款調查問卷數據的實證檢驗［J］. 管理世界（9）：69-75.

王向楠，孫祁祥，王曉全，2013. 中國家庭壽險資產和其他資產選擇研究：基於生命週期風險和資產同時配置 [J]. 當代經濟科學（3）：1-10.

王馨，2015. 互聯網金融助解「長尾」小微企業融資難問題研究 [J]. 金融研究（9）：128-139.

魏麗萍，陳德棉，謝勝強，2018. 互聯網金融投資決策：金融素養、風險容忍和風險感知的共同影響 [J]. 管理評論，30（9）：61-71.

吳衛星，呂學梁，2013. 中國城鎮家庭資產配置及國際比較：基於微觀數據的分析 [J]. 國際金融研究（10）：45-57.

吳衛星，齊天翔，2007. 流動性、生命週期與投資組合相異性：中國投資者行為調查實證分析 [J]. 經濟研究（2）：97-110.

吳衛星，汪勇祥，梁衡義，2006. 過度自信、有限參與和資產價格泡沫 [J]. 經濟研究（4）：115-127.

吳衛星，吳錕，王琎，2018. 金融素養與家庭負債：基於中國居民家庭微觀調查數據的分析 [J]. 經濟研究，53（1）：97-109.

吳衛星，吳錕，張旭陽，2018. 金融素養與家庭資產組合有效性 [J]. 國際金融研究（5）：66-75.

吳衛星，張旭陽，吳錕，2019. 金融素養對家庭負債行為的影響：基於家庭貸款異質性的分析 [J]. 財經問題研究（5）：57-65.

吳曉求，2015. 互聯網金融：成長的邏輯 [J]. 財貿經濟（2）：5-15.

夏慶杰，宋麗娜，2010. 經濟增長與農村反貧困 [J]. 經濟學（季刊）（3）：851-870.

謝絢麗，等，2018. 數字金融能促進創業嗎？來自中國的證據 [J]. 經濟學（季刊），17（4）：1557-1580.

徐月賓，劉鳳芹，張秀蘭，2007. 中國農村反貧困政策的反思：從社會救助向社會保護轉變 [J]. 中國社會科學（3）：40-53，203-204.

楊汝岱，陳斌開，朱詩娥，2011. 基於社會網絡視角的農戶民間借貸需求行為研究 [J]. 經濟研究，46（11）：116-129.

楊汝岱，陳斌開，2009. 高等教育改革、預防性儲蓄與居民消費行為 [J]. 經濟研究，44（8）：113-124.

楊汝岱，朱詩娥，2007. 公平與效率不可兼得嗎？基於居民邊際消費傾向的研究 [J]. 經濟研究（12）：46-58.

楊瑞龍，王宇鋒，劉和旺，2010. 父親政治身分、政治關係和子女收入

[J]. 經濟學（季刊），9（3）：871-890.

葉海雲，2000. 試論流動性約束、短視行為與中國消費需求疲軟的關係[J]. 經濟研究（11）：39-44.

易行健，周利，2018. 數字普惠金融發展是否顯著影響了居民消費：來自中國家庭的微觀證據[J]. 金融研究（11）：47-67.

易小蘭，2012. 農戶正規借貸需求及其正規貸款可獲性的影響因素分析[J]. 中國農村經濟（2）：56-63, 85.

尹志超，宋全雲，吳雨，彭嫦燕，2015. 金融知識、創業決策和創業動機[J]. 管理世界（1）：87-98.

尹志超，宋全雲，吳雨，2014. 金融知識、投資經驗與家庭資產選擇[J]. 經濟研究，49（4）：62-75.

尹志超，吳雨，甘犁，2015. 金融可得性、金融市場參與和家庭資產選擇[J]. 經濟研究，50（3）：87-99.

尹志超，張棟浩，2018. 金融可及性、互聯網金融和家庭信貸約束：基於CHFS數據的實證研究[J]. 金融研究（11）：188-206.

臧文斌，等，2012. 中國城鎮居民基本醫療保險對家庭消費的影響[J]. 經濟研究，47（7）：75-85.

臧旭恒，裴春霞，2007. 轉軌時期中國城鄉居民消費行為比較研究[J]. 數量經濟技術經濟研究（1）：65-72, 91.

張棟浩，尹志超，2018. 金融普惠、風險應對與農村家庭貧困脆弱性[J]. 中國農村經濟（4）：54-73.

張李義，涂奔，2017. 互聯網金融對中國城鄉居民消費的差異化影響：從消費金融的功能性視角出發[J]. 財貿研究，28（8）：70-83.

章元，等，2009. 參與市場與農村貧困：一個微觀分析的視角[J]. 世界經濟，32（9）：3-14.

章元，萬廣華，史清華，2012. 中國農村的暫時性貧困是否真的更嚴重[J]. 世界經濟（1）：144-160.

鄭中華，特日文，2014. 中國三元金融結構與普惠金融體系建設[J]. 宏觀經濟研究（7）：51-57.

中國人民銀行研究局課題組，1999. 中國國民儲蓄和居民儲蓄的影響因素[J]. 經濟研究（5）：5-12.

周強，張全紅，2017. 中國家庭長期多維貧困狀態轉化及教育因素研究

[J]. 數量經濟技術經濟研究, 34 (4): 3-19.

周洋, 王維昊, 劉雪瑾, 2018. 認知能力和中國家庭的金融排斥: 基於 CFPS 數據的實證研究 [J]. 經濟科學 (1): 96-112.

朱國林, 範建勇, 嚴燕, 2002. 中國的消費不振與收入分配: 理論和數據 [J]. 經濟研究 (5): 72-80, 95.

朱若然, 陳貴富, 2019. 金融發展能降低家庭貧困率嗎 [J]. 宏觀經濟研究 (6): 152-163.

謝平, 鄒傳偉, 劉海二, 2015. 互聯網金融的基礎理論 [J]. 金融研究 (8): 1-12.

ABREU M, MENDES V, 2010. Financial literacy and portfolio diverification [J]. Quantitative Finance, 10 (5): 515-528.

AGNEW J R, SZYKMAN L R, 2005. Asset allocation and information overload: the influence of information display, asset choice, and investor experience [J]. Journal of Behavioral Finance, 6 (2): 57-70.

ALKIRE S, FOSTER J, 2011. Understandings and misunderstandings of multidimensional poverty measurement [J]. Journal of Economic Inequality, 9 (2): 289-314.

AUTOR D H, LEVY F, MURNANE R J, 2003. The skill content of recent technological change: an empirical exploration [J]. Quarterly Journal of Economics, 118 (4): 1279-1333.

BAUMOL W, 1990. Entrepreneurship: Productive, unproductive, and destructive [J]. Journal of Political Economy, 98 (5): 893-921.

BECK T, DEMIRGUC-KUNT A, LEVINE R, 2007. Finance, inequality and the poor [J]. Journal of Economic Growth, 12 (1): 27-49.

BECK T, DEMIRGUC-KUNT A, MARTINEZ PERIA M S, 2005. Reaching out: access to and use of banking services across countries [M]. Washington: The World Bank.

BENJAMIN D, BRANDT L, GILES J, 2011. Inequality and growth in rural China: does higher inequality impede growth? [J]. Journal of Labor Economics, 121 (557): 1281-1309.

BERNHEIM B D, GARRET D M, 2003. The effects of financial education in the workplace: evidence from a survey of households [J]. Economic Inquiry, 87 (7):

1487-1519.

BERTAUT C C, 1998. Stockholding behavior of US households: Evidence from the 1983-1989 survey of consumer finances [J]. Review of Economics and Statistics, 80 (2): 263-275.

BOGAN V, 2008. Stock market participation and the internet [J]. Journal of Financial and Quantitative Analysis, 43 (1): 191-211.

CALVET L E, CAMPBELL J Y, SODINI P, 2009. Measuring the financial sophistication of households [J]. American Economic Review, 99 (2): 393-398.

CAMPBELL J Y, 2006. Household finance, presidential address to the American finance association [J]. The Journal of Finance, 61 (4): 1553-1604.

CAMPBELL J, DEATON A, 1989. Why is consumption so smooth? [J]. The Review of Economic Studies, 56 (3): 357-373.

CARDAK B A, WILKINS R, 2009. The determinants of household risky asset holdings: Australian evidence on background risk and other factors [J]. Journal of Banking and Finance, 33 (5): 850-860.

CARROLL C D, WEIL D N, 1994. Saving and growth: a reinterpretation [C]. Carnegie-Rochester conference series on public policy (40): 133-192.

CHAMON M D, PRASAD E S, 2010. Why are saving rates of urban households in China rising? [J]. American Economic Journal: Macroeconomics, 2 (1): 93-130.

CHEN H, VOLPE R P, 1998. An analysis of personal financial literacy among college students [J]. Financial Services Review, 7 (2): 107-128.

COLOMBO M G, GRILLI, 2005. Founders' human capital and the growth of new technology-based firms: A competence-based view [J]. Research policy, 34 (6): 795-816.

CORTINA LORENTE J J, SCHMUKLER S L, 2008. The fintech revolution: a threat to global banking? [J]. World Bank: Research & Policy Briefs Paper: 125038.

DISNEY R, GATHERGOOD J, 2003. Financial literacy and consumer credit portfolios [J]. Journal of Banking & Finance, 37 (7): 2246-2254.

DOHMEN T, FALK A, HUFFMAN D, et al, 2010. Are risk aversion and impatience related to cognitive ability? [J]. American Economic Review, 100 (3): 1238-1260.

DURLAUF S, 2004. Neighborhood effects [J]. Handbook of Regional and Urban Economics (4): 2173-2242.

FISCHHOFF B, SLOVIC P, LICHTENSTEIN S, 1977. Knowing with certainty: the appropriateness of extreme confidence [J]. Journal of Experimental Psychology Human Perception & Performance, 3 (4): 552-564.

GIMENO J, FOLTA T B, COOPER A C, et al, 1997. Survival of the fittest? Entrepreneurial human capital and the persistence of underperforming firms [J]. Administrative science quarterly: 750-783.

GREEN A K, 2009. The politics of literacy: countering the rhetoric of accountability in the spellings report and beyond [J]. College Composition and Communication, 61 (1): W367.

GUISO L, JAPPELLI T, TERLIZZESE D, 1996. Income risk, borrowing constraints, and portfolio choice [J]. The American Economic Review: 158-172.

GUISO L, PAIELLA M, 2008. Risk aversion, wealth, and background risk [J]. Journal of the European Economic association, 6 (6): 1109-1150.

HAN L, XIAO J J, SU Z, 2019. Financing knowledge, risk attitude and P2P borrowing in China [J]. International Journal of Consumer Studies, 43 (2): 166-177.

HASTINGS J S, TEJEDA-ASHTON L, 2008. Financial literacy, information, and demand elasticity: survey and experimental evidence from Mexico [J]. NBER Working Paper: 14538.

HEATON J, LUCAS D, 2000. Portfolio choice and asset prices: The importance of entrepreneurial risk [J]. The journal of finance, 55 (3): 1163-1198.

HOCHGUERTEL S, 2003. Precautionary motives and portfolio decisions [J]. Journal of Applied Econometrics, 18 (1): 61-77.

HUBERMAN G, 2001. Familiarity breeds investment [J]. The Review of Financial Studies, 14 (3): 659-680.

HUNG A, PARKER A M, YOONG J, 2009. Defining and measuring financial literacy [J]. RAND Labor and Population working paper series: 708.

HUSTON S J, 2010. Measuring financial literacy [J]. Journal of Consumer Affairs, 44 (2): 296-316.

JAHANGIR A, LI C, 2007. Explaining China's low consumption: the neglected role of household income [J]. IMF Working Paper (7): 181.

KABLANA A S K, CHHIKARA K S, 2013. A theoretical and quantitative analysis of financial inclusion and economic growth [J]. Management and Labour Studied (1-2): 103-133.

KLAPPER L, LUSARDI A, PANOS G A, 2013. Financial lteracy and its consequences: evidence from Russia during the financial crisis [J]. Journal of Banking and Finance, 37 (10): 3904-3923.

KOCHAR A, 1997. An empirical investigation of rationing constraints in rural credit markets in India [J]. Journal of Development Economics, 53 (2): 339-371.

KUIJS L, 2005. Investment and saving in China [M]. Washington: The World Bank.

LAZEAR E P, 2004. Balanced skills and entrepreneurship [J]. American Economic Review, 94 (2): 208-211.

LETKIEWICZ J C, FOX J J, 2014. Conscientiousness, financial literacy, and asset accumulation of young adults [J]. Journal of Consumer Affairs, 48 (2): 274-300.

LIN M, PRABHALA N R, Viswanathan S, 2013. Judging borrowers by the company they keep: Friendship networks and information asymmetry in online peer-to-peer lending [J]. Management Science, 59 (1): 17-35.

LIN Y, GRACE M F, 2007. Household life cycle protection: life insurance holdings, financial vulnerability, and portfolio implications [J]. Journal of Risk and Insurance, 74 (1): 141-173.

LUSARDI A, MITCHELL O S, 2007. Baby boomer retirement security: the roles of planning, financial literacy, and housing wealth [J]. Journal of Monetary Economics, 54 (1): 205-224.

LUSARDI A, MITCHELL O S, 2011. Financial literacy around the world: an overview [J]. Journal of Pension Economics and Finance, 10 (4): 497-508.

LUSARDI A, MITCHELL O S, 2014. The economic importance of financial literacy: Theory and evidence [J]. Journal of economic literature, 52 (1): 5-44.

LUSARDI A, TUFANO P, 2015. Debt literacy, financial experiences, and over-indebtedness [J]. Journal of Pension Economics and Finance, 14 (4): 332-368.

LUSARDI A, 2007. Household saving behavior: the role of literacy, information and financial education programs [J]. Nber Working Papers: 13824.

MODIGLIANI F, CAO S L, 2004. The Chinese saving puzzle and the life-cycle hypothesis [J]. Journal of economic literature, 42 (1): 145-170.

OUTREVILLE J F, 1996. Life insurance markets in developing countries [J]. Journal of Risk and Insurance, 63 (2): 263-278.

PETRICK M, 2004. A microeconometric analysis of credit rationing in the polish farm sector [J]. European Review of Agricultural Economics, 31 (1): 77-101.

POTERBA J M, SAMWICK A A, 2003. Taxation and household portfolio composition: US evidence from the 1980s and 1990s [J]. Journal of Public Economics, 2003, 87 (1): 5-38.

ROSEN H S, WU S, 2004. Portfolio choice and health status [J]. Journal of Financial Economics, 72 (3): 457-84.

SAYINZOGA A, BULTE E H, LENSINK R, 2016. Financial literacy and financial behaviour: experimental evidence from rural rwanda [J]. Economic Journal, 126 (594): 1571-1599.

SCHMIDT-HEBBEL K, SERVEN L, 2000. Does income inequality raise aggregate saving? [J]. Journal of Development Economics, 61 (2): 417-446.

SEN A K, 1976. Poverty: An ordinal approach to measurement [J]. Econometrica, 44 (2): 219-231.

SHANE S, 2009. Why encouraging more people to become entrepreneurs is bad public policy [J]. Small business economics, 33 (2): 141-149.

STANGO V, ZINMAN J, 2009. Exponential growth bias and household finance [J]. The Journal of Finance, 64 (6): 2807-2849.

UNGER J M, RAUCH A, FRESE M, et al, 2011. Human capital and entrepreneurial success: A meta-analytical review [J]. Journal of business venturing, 26 (3): 341-358.

VAN NIEUWERBURGH S, VELDKAMP L, 2009. Information immobility and the home bias puzzle [J]. The Journal of Finance, 64 (3): 1187-1215.

VAN ROOIJ M, LUSARDI A, ALESSIE R, 2011. Financial literacy and stock market prticipation [J]. Journal of Financial Economics, 101 (2): 449-472.

VISSING-JORGENSEN A, 2002. Towards an explanation of household portfolio choice heterogeneity: Nonfinancial income and participation cost structures [R]. National Bureau of Economic Research.

WEI S-J, ZHANG X, 2011. The competitive saving motive: Evidence from rising sex ratios and savings rates in China [J]. Journal of political Economy, 119 (3): 511-564.

YAO S J, ZHANG Z Y, HANMER L, 2004. Growing inequality and poverty in China [J]. China Economic Review, 15 (2): 145-163.

ZELDES S P, 1989. Consumption and liquidity constraints: an empirical investigation [J]. Journal of political economy, 97 (2): 305-346.

ZHANG Y, HUA WAN G, 2004. Liquidity constraint, uncertainty and household consumption in China [J]. Applied Economics, 36 (19): 2221-2229.

# 金融素養與中國家庭經濟金融行為

| | |
|---|---|
| 作　　者：吳錕 著 | |
| 發 行 人：黃振庭 | |
| 出 版 者：財經錢線文化事業有限公司 | |
| 發 行 者：財經錢線文化事業有限公司 | |
| E-mail：sonbookservice@gmail.com | |
| 粉 絲 頁：https://www.facebook.com/sonbookss | |
| 網　　址：https://sonbook.net/ | |
| 地　　址：台北市中正區重慶南路一段六十一號八樓 815 室 | |
| Rm. 815, 8F., No.61, Sec. 1, Chongqing S. Rd., Zhongzheng Dist., Taipei City 100, Taiwan (R.O.C) | |
| 電　　話：(02)2370-3310 | |
| 傳　　真：(02) 2388-1990 | |

**國家圖書館出版品預行編目資料**

金融素養與中國家庭經濟金融行為 / 吳錕著 . -- 第一版 . -- 臺北市：財經錢線文化 , 2020.09
　面；　公分
POD 版
ISBN 978-957-680-465-6( 平裝 )
1. 家計經濟學 2. 中國
421.1　　109011873

| | |
|---|---|
| 總 經 銷：紅螞蟻圖書有限公司 | |
| 地　　址：台北市內湖區舊宗路二段 121 巷 19 號 | |
| 電　　話：02-2795-3656 | |
| 傳　　真：02-2795-4100 | |
| 印　　刷：京峯彩色印刷有限公司（京峰數位） | |

- 版權聲明 -
本書版權為西南財經大學出版社所有授權崧博出版事業有限公司獨家發行電子書及繁體書繁體字版。若有其他相關權利及授權需求請與本公司聯繫。

定　　價：410 元
發行日期：2020 年 9 月第一版
◎本書以 POD 印製